JN041710

樹木が地球を守っている

ペーター・ヴォールレーベン
岡本朋子＝訳

Der lange Atem der Bäume: Wie Bäume lernen, mit dem Klimawandel umzugehen – und warum der Wald uns retten wird, wenn wir es zulassen
Peter Wohlleben

早川書房

樹木が地球を守っている

DER LANGE ATEM DER BÄUME

Wie Bäume lernen, mit dem Klimawandel umzugehen –
und warum der Wald uns retten wird, wenn wir es zulassen

by
Peter Wohlleben
Copyright © 2021 by
Ludwig Verlag
a division of Penguin Random House
Verlagsgruppe GmbH, München, Germany
Translated by
Tomoko Okamoto
First published 2023 in Japan by
Hayakawa Publishing, Inc.
This book is published in Japan by
arrangement with
Penguin Random House Verlagsgruppe GmbH, München, Germany
through Meike Marx Literary Agency, Japan.

装幀／山田和寛（nipponia）

目次

第二部　林業の盲点……95

第三部　未来の森

＊訳註は〔　〕で示した

まえがき

森の運命と人類の運命は分かちがたく結びついている。この言葉は比喩としてではなく、文字どおりに受け取っていただきたい。陰気で恐ろしい内容に聞こえるとしても、それを受け入れることで大きな希望が見出せるからだ。樹木は現在進行中の気候変動を柔軟に乗り越えられるだけの効率のよい社会的共同体を形成している。それだけでなく、二酸化炭素を吸収し、その能力はどんな科学技術よりも優れている。したがって、森を活かすことは人類にとって最善の選択肢である。また、樹木には、周囲の気温を下げるだけでなく、雨量を適切な量に増やす働きもある。

以上のことを、樹木は人間のためにではなく、自分たちのためにやっている。樹木も人間と同じように高温と乾燥が嫌いだが、人間とは違い、上がった気温を自力で下げることができる。とはいえ、ブナやナラやトウヒといった樹木も、そうした能力を生まれつきもっているわけではない。成長の過程で変化に正しく対応する能力を身につけてきたのだ。しかし、すべての木に同等の学習能力があるわけではない。なぜなら大型植物も人間と同じように個体差があり、すべての木が同じ速さで学習し、正しい答えを導き出すとはかぎらないからだ。

本書では、私は森の案内人として、学習する木の観察方法、ブナやナラにとって夏期落葉がときに必要である理由、間違った戦略をとった木を見分ける方法などを紹介したい。

森林研究は、樹木の知られざる生態を解き明かすことで急速に進んだ。とはいえ、木の謎は、カーテンをほんの少し開いた程度解明されたにすぎない。とりわけ、細菌や菌類といった微生物の役割については、未発見の菌種が多いため、ほとんど解明されていないのが実情である。人間にとって腸内細菌叢（そう）が大切なように、樹木にとっても細菌や菌類は大事な存在だ。微生物なくして生命は存在しないといっても過言ではない。この謎めいた菌の世界については、新たな研究報告がある。それによると、個々の木は独自の生態系を形成し、それは無数の不思議な生物が棲む惑星に匹敵するほど複雑だという。

さらに、森全体に目を向けると、驚くべき事実が判明する。森は大規模な気流を形成し、その気流は雨雲を数千キロメートルも離れた他の大陸まで運び、本来なら砂漠であるような場所に雨を降らせている。

樹木は、人間が引き起こした気候変動にただ受け身で耐えつづける生物ではない。環境を自らつくり出し、コントロール不能に陥りそうなものがあれば、それに対処するクリエイターである。

樹木は、環境の変化にうまく対応するために、二つのことを必要とする。それは、時間と静寂である。人間が森に介入することは、どんな形であれ、生態系を乱し、森が新たな均衡を取り戻す機会を奪ってしまう。森を散歩している際に、何十年も続けられた皆伐（かいばつ）〔森林を構成する林木の一定のまとまりを一度にすべて伐採する方法）の現場を目の当たりにし、林業が森林破壊を助長していることを知った読者も多いにちがいない。それでも、希望はまだある！　森は人間が放置すれば、どんな場所であれ素早く再生する力をもっている。私たち人間は自力で農園はつくれても、森はつくれないと知る必要があるだろう。森を助けたいなら、森への介入をやめ、自然に再生が行なわれるのを待つのがいい。適度な謙虚さと自然の自己治癒力に対する楽観的な見方さえもてれば、未来はとりわけ「緑豊かな」ものとなるだろう！

第一部　樹木の知恵

樹木が迷うとき

樹木は、雨が降らない猛暑の夏には深刻な問題に直面する。木は暑いからといって日陰に入ることはできないし、冷たい飲み物で身体を冷やすこともできない。目の前の問題にすぐに対処することができないのだ。木はゆっくりと動くことしかできない。そのため、木にとって何よりも大切なのは、正しい戦略をとることである。だが、正しい戦略とは何だろう？　木が戦略を間違えたら、いったい何が起こるのだろうか？

アイフェル地方〔ドイツ西部からベルギー東部にかけて広がる丘陵地帯〕にあるヴェルスホーフェン村〔ラインラント＝プファルツ州アールヴァイラー地区にある自治体〕のノルト通りには、私たちの森林アカデミー〔著者が二〇一七年に創設した森林学校。森林に関するさまざまなイベントを開催するほか、専門書の発行、林業従事者や森林所有者の教育およびコンサルティングも行なっている〕の校舎があり、その通りの左側にトチノキが並んでいる。そのトチノキが二〇二〇年の干ばつの夏に、ヨーロッパの多くの木々と同じように、八月にもかかわらず紅葉を始めたのだ。トチノキは近年特にダメージを受けている。二〇〇〇年に入る直前、ヨーロッパ北部で大量発生したセイヨウトチノキハモグリムシは、ヴェルスホーフェン村のトチノキにまで被害を及ぼした。

薄茶色の小さな蛾であるセイヨウトチノキハモグリムシは、トチノキの原産地であるギリシアとマケドニアで発生した。それまでヴェルスホーフェン村のトチノキは、他の外来種の植物と同じく、のどかな生活を送っていた。もちろん、ドイツのような国は気温が低すぎるため、必ずしもトチノキにとって最適な生態系とはいえない。それでも、トチノキはドイツで居心地のよさを感じていたのだ。というのも、ドイツにはまだセイヨウトチノキハモグリムシが蔓延(まんえん)しておらず、冬の寒さが少し厳しいといった程度の短所しかなかったからだ。

ところが、四〇年前に状況は一変した。セイヨウトチノキハモグリムシは獲物を追って北上し、ヴェルスホーフェン村にも住み着くようになった。その名のとおり、この蛾はトチノキの葉に穴(またはトンネル)を掘ってもぐりこみ、中身を食い尽くす。葉の表面に卵を産みつけ、孵化した幼虫が葉の中へ侵入する。幼虫が侵食した場所には茶色の蛇行線ができる。幼虫はもりもり食べて元気に育つ。なぜなら、葉の中で生活しているため、お腹を空かせた鳥たちに食べられる心配がないからだ。幼虫に襲われた葉は部分的に乾燥し、侵食が進むと夏のあいだにボロボロになる。とりわけ一回目の産卵のあとに続けて二回目の産卵があった場合には、葉の損傷は激しいものになる。

要するに、猛暑と干ばつに見舞われたノルト通りのトチノキの葉は、それ以前にかなりのダメージを受けていたのである。そうした危機的状況に陥ると、トチノキも他の木と同じ対策をとろうとする。光合成を止めて、しばらく活動を停止するのだ。乾季がいつまで続くのかを予測することは、人間よりも木のほうが苦手。だからこそ、慌てて行動を起こすのは得策ではない。

木は光合成を止めると、葉の裏にある何千何万という小さな穴、つまり気孔を閉じる。呼吸をすると水分を失うのは人間だけではなく、木も同じだ。とはいえ、木が呼吸する際に吐き出す水蒸気は、周囲の気温を下げる働きがある。森の木が暑い夏を乗り越えるために、その働きを積極的に利用しているのは間違いないだろう。しかし、ひとたび根から水不足の信号が発せられると、気孔は閉じてしまう。すると、光合成が停止するだけでなく、二酸化炭素も不足するため、木は日光の力を借りて糖分を生産することができなくなる。その結果、冬眠のために蓄えた栄養を取り崩しながら生きることになる。

じつは、木は光合成を停止しても、葉と根と樹皮から最低限の水分を発散する。そのため、水不足がさらに加速すると、木は第二の対策を講じる。部分的に落葉（らくよう）するのだ。その際にトチノキは、通常の落葉と同じように、上方の葉から順に落としはじめる。まずは根からいちばん離れた場所、つまり樹冠の葉を落とす。水分不足の木は樹冠まで水を運べるだけのエネルギーを生産できないので、その分をカットする必要があるからだ。それでも干ばつが続く場合、落葉は激しくなり、八月には早くも丸裸になってしまう。

しかし、ドイツでは、ブナもナラもトチノキも、二〇二〇年にはそこまでひどい状態に陥ることはなかった。ただし、例外もあった。特に臆病な木は、用心に用心を重ねたか、あるいは、もともと水量の少ない土地に立っていたのかもしれない。いずれにしても、八月にはすっかり丸裸になっていた。

　とりわけ、セイヨウトチノキハモグリムシの被害が大きかったノルト通りのトチノキは苦しんでいた。茶色の蛇行線が多くある葉は、限られた糖分しか生成できないため、木はひどい栄養不足に陥っていた。それに加えて、ノルト通りがあるアイフェル地方は海抜約六〇〇メートルの丘陵地帯。痩地（やせち）であるうえ、成育期の春と夏が短いというハンデまであった。したがって、糖分の生成は間に合わない状態にあった。通常、樹木は生育期のあいだに、日々の活動だけでなく、冬眠と翌年の春のためにも糖分を生産しなければならない。だがそれは、故郷から遠く離れた土地で、悪条件下にあるトチノキにとっては、とうていこなしきれない仕事だった。三年連続で干ばつに見舞われたトチノキは、土壌に残された水の最後の蓄えまでつかい果たしたように見えた。

　通常、そうした状況下にある樹木は、私が管理する森のブナのように、冬眠を九月に前倒しして葉をすべて落としてしまう。それらの木は枯れたように見えるが、翌春にはふたたび芽を出して前年の遅れを取り戻そうとする。トチノキにもこれができるが、ノルト通りの臆病なトチノキはこの戦略を前倒しして、二〇二〇年八月にすべての葉を落としてしまった。

　そして、二〇二〇年八月三一日、天の恵みがもたらされた。アイフェルの北端にある狭い地域にだけ雨雲が現れたのだ。そこでは雨が何時間も降りつづき、降水量は一平方メートル当たり約六〇リットルに達した。その雨量は乾燥しきった土壌には十分とはいえなかったが、少なくとも地表の数センチは潤った。そのとき私は「これで木々が一息つけるように」と祈った。ところがその数日後、驚くべきことに、葉を全部落としたトチノキが一見無意味にも見える反応を示した。

なんと、花を咲かせたのである。糖質不足に陥った木なら、生殖のためのエネルギーは節約するのが当然だろう。そんなことをしたところで、秋に成果など現れないのだから。たとえ受粉がうまくいったとしても、冬が始まるまでの短期間に果実や種が実るはずはない。

そんな中、私と一緒に森から森林アカデミーの校舎に戻っていた森林ガイドの新人たちが、その現象に気づいた。花を咲かせている木を全員でもう一度よく観察すると、あることに気づいた。トチノキは花を咲かせると同時に、枝から柔らかな若葉を出していた。それがすべての謎を解いてくれた。つまり、トチノキは空腹に耐えられなかったのだ！　若葉を広げて晩夏にふたたび糖分を補給し、貯蔵組織を満杯にしようと試みていた。どうやら木は、自分が枝からつぼみを出しているのか、新芽を出しているのか、その区別がつかないらしい。それがトチノキを観察した私たちの結論だった。

私は花を咲かせるトチノキの動画を携帯電話で撮影し、フェイスブックに投稿した。すると、他の地域でも、同じ戦略をとったトチノキが見つかったというコメントが少なからず送られてきた。さらに、インターネットでこの件について調べてみると、数年前からトチノキが秋に花を咲かせる現象が見られたという情報がいくつか見つかった。しかし、花が咲いた原因については、一部をのぞいて私を納得させる説明はなかった。気候変動によるストレスが原因だという人もいれば、木に致命的なダメージをあたえるセイヨウトチノキハモグリムシや菌類が原因だという人もいた。それだけでなく、枯死する前にもう一度だけ繁殖するために、秋に花を咲かせたという人までいた。(1)

それらの説明は、論理的に聞こえるかもしれないが、問題は、木が季節を認識できないことを前提にしている点である。冬までの数週間では時間が足りないため、秋に咲いた花が実をつけないのは明らかだ。そんな無意味なことをする植物は、エネルギーを浪費して自滅するだけだろう。科学の世界では、数十年前から、樹木が昼の長さや気温の変化により自らの活動を調整していること、また、人間と同じようにカレンダーを見なくても四季を認識し、それらに順応していることが明らかにされている。さらに、おかしな説明がある。トチノキが季節を勘違いしているというのだ。[2] 干ばつのあいだ、水分の吸収と光合成が妨げられていたせいで、初秋の雨を春が来た合図と勘違いしてしまったという。

この説明は論理的でないだけでなく、進化論とも相容れない。自然界では、少なくとも数十年に一度は干ばつが起こる。トチノキがそれほど簡単にパニックに陥るというのなら、いったいどうやって樹木は三〇〇〇万年以上も生き延びられたのだろう？　日ごろから無駄なエネルギーをつかうものは、いざというときに力を出せないので、生存競争からはじき出される運命にある。

しかし、トチノキはそうでない。初秋に花を咲かせたのは空腹だったからだ。そう断言したからには、私は責任をもってこの現象を説明する必要がある。トチノキは季節を間違えないとはいえ、新芽（つぼみ）を出すだけでは問題を解決できない。なぜなら、そこからエネルギー不足との本当の戦いが始まるからだ。萌芽にもエネルギーが必要だが、トチノキにはそのためのエネルギーがほとんど残されていなかった。そのため、最後のエネルギーの蓄えをつかって、太陽に向けて若葉を広げて糖分を生成した。残念ながら、エネルギーはそれでも足りない。なぜなら、出した新芽は、来春のために準備しておいたものだからだ。蓄えとしての新芽を秋につかってしまえば、春を丸裸で迎えないために追加の新芽をつくる必要がある。しかも、新芽は新しい枝からしか出ないため、枝も成長させなくてはならない。

つまり、夏に落葉した樹木は、秋にお腹を空かせて若葉を（不本意ながら花も）広げるという戦略をとると、追加の新芽と枝を生産する必要に迫られるのだ。したがって、その戦略は、冬のための貯蓄が十分できるほど大量のエネルギーを生産できる状態でなければ意味がない。残念ながら秋は、弱った樹木がエネルギーの生産を行なうには不向きである。九月に入ると昼が圧倒的に短くなり、明らかに光合成がしにくくなるからだ。通常、九月の半ばには、低気圧が発生して大量の雨が降り、土地は潤うが、日差しは遮られてしまう。しばらくすると、それに追い打ちをかけるように、気温が下がって初霜が降りる。

ノルト通りのトチノキの中には夏に落葉しなかった木も多くあった。そうした木は、十月にふつうの木がやるべきことを行なった。葉の色を黄色から茶色へ変えながら、葉に蓄えられた糖分を回収すると、落葉した。少し焦っているように見えた。というのも、夜の気温がマイナス五度以下になって最初の夜霜が降りると、木は強制的に冬眠させられてしまうからだ。冬眠に入ると、自発的に落葉ができなくなるため、葉の中の栄養素を回収できないまま冬を迎えることになる。木はコルク組織でできた分離層を枝と葉のあいだに形成することによってのみ自発的に落葉できる。したがって、強制冬眠させられた木の枝には枯葉がついたままになる。すると、大雪が降った場合、大量の雪が葉につもって樹冠の枝が全部折れてしまうおそれがある。そんな木を、私はこれまでにたくさん見てきた。

結局、ノルト通りのトチノキの大半は、パニックに陥った臆病者を除いて、模範的な行動をとった。臆病者たちは、このままでは糖分の貯蓄がとうてい足りないと、紅葉する仲間の木を横目に、若葉を広げて果敢に戦った。そのせいで落葉が遅れ、すべての葉を落としきったときには十二月も半ばにさしかかり、大霜が降りていた！　統計的に見ると、そうした木の大半は冬を乗り越えることができない。春に萌芽する前に枯れてしまう。通常、木は春の萌芽の前に一年で最も大きな力を発揮する。幹に水を送りこみ、新芽を開く。その時期が、弱った木にとって運命の分かれ道になる。

だが、ヴェルスホーフェン村のトチノキの物語はハッピーエンドに終わった。臆病な木も春には萌芽し、若葉を広げてふたたび通常どおりの光合成を始めたのだ。


最近では、樹木が秋に花を咲かせる現象はどこでも見られるようになった。しかし私はそれと同じ現象を、ブナの森で見つけたことはない。理論上では、ブナがノルト通りの臆病なトチノキと同じ戦略を講じてもおかしくはない。それなのに、ブナがそうした間違いを起こさないのは、木の仲間とよりよいネットワークを形成しているからだろう。

森のブナは仲間と根でつながっていて、根を介して糖液を分かちあい、栄養不足で窮地に陥った仲間を共同で助けている〔『樹木たちの知られざる生活』早川書房刊を参照〕。そのおかげで、弱ったブナは、秋に萌芽して光合成をせずとも、仲間に頼りさえすれば窮状を乗り越えられる。いっぽう、そうした森の共同体から引き離されて、村道に植えられた木は、家族がいない場所で一人孤独に生存競争に立ち向かうしかない。

水不足に対する反応は、広葉樹は見えやすいが、針葉樹は見えにくい。これは、針葉樹の秋の落葉がわかりにくいことと関係している。針葉樹は落葉の際、最も古い葉しか落とさない。マツの場合、枝の先端に今年の葉、その後ろに前年の葉、枝のつけ根に三年前の葉と、一本の枝の上に三年間に出た葉が順に並んでいる。これがトウヒの場合は六年になり、葉は六年以上は枝についたままではいられない。六年経つと自動的に葉が閉じて落ちるようになっている。したがって、針葉樹は美しい紅葉とは無縁である。

とはいえ、針葉樹も乾燥ストレス時には葉を落として水の消費量を調節するなど、広葉樹と同じぐらい活発に落葉している。水不足に陥ると、光合成を止めて落葉し、葉からの水分蒸発量を減らす。そうした現象は、ここ数年の干ばつの際に、私と妻が住む「森の家」〔ドイツ語でForsthaus は森林管理官の家を指すが、適切な訳語が見当たらないため、本書では文字どおり「森の家」と訳している。ちなみに、著者は二〇一六年、健康上の理由により森林管理官の仕事を辞め、執筆と森林学校の経営に活動の中心を移した。現在は、森林管理官の資格保有者として、森林管理の新しい方法を模索し、森林環境教育に力を入れている〕の庭でも見られた。私たちは干ばつから庭を守るために、少なくとも家の周りの植物にだけは水をやっていた。花壇に植えられたタチアオイとハーブだけでなく、その周りに立っている木々にも水やりをした。そのおかげで、一四〇歳になる高齢のマツの多くは二〇二〇年八月の猛暑の最中でも元気いっぱいだった。しかし、水やりができない場所に立っているマツは一年分の葉を落としてしまった。二年分の葉がついているマツと三年分の葉がついているマツとでは見た目が明らかに違う。二年分の葉しか残っていない高齢のマツはなんとも頼りなげに見えた。そのときから、マツが生えている私たちの庭は野外実験室となり、私はそこで木が新たな学びを得るのを観察するようになった。

これまで、私と妻は庭の地上に見える部分しか観察してこなかった。しかし、干ばつ時には、地下にある木の根の中でも大事なプロセスが進行している。根は木の最も大事な組織といってもいい。根の先には人間の脳のような働きをする細胞の集まりがあるからだ。[3] 根は地中の暗闇の中を手探り状態で進みながら成長し、土壌の水分量など、少なくとも二〇の異なる環境要因を随時記録している。重力もその中の一つだ。繊細な根は地下以外の場所では成長できないため、地上に出ることは許されない。したがって、根は重力方向に沿って成長する。重力だけでなく、根にある光センサーも根の成長方向を制御している。地下にはどのみち暗闇しかないので光センサーは必要ないように思えるが、傾斜地に立つ木の根は、間違った方向に伸びて地上に飛び出す可能性がある。その場合、光センサーが光を感知すれば、直ちに方向転換できる。また、根は毒物を感知した際も似たような反応をする。危険な土壌成分に出くわすと、（自らの基準で）問題のある部分を素早く避けて伸長する。さらに、地中のさまざまな刺激を受け取ることで、花が咲く時期や枝につける葉の数など、木全体の活動も決定している。[4]

干ばつの際に、木が最も頼りにしているのが、根に記録される土壌の水分量である。根は記録した情報を幹を介して葉まで送る。すると、葉は糖分生産量と水分消費量を下げるために、葉の裏にある気孔を閉じはじめる。

その仕組みを、スイスのある研究グループが解明した。彼らはブナの若木を実験室に運びこみ、実験装置をつかって干ばつをシミュレートした。そして、根が葉の活動を制御していることを発見した。土壌が乾燥すると、根は糖分の消費を抑える。水を汲み上げる必要がない、あるいは、汲み上げられないのだから当然だ。根が糖分を必要としなくなると、木の上部の組織の中に糖分が蓄積される。その結果、葉は養分をつくり出さなくなり、気孔を閉じて店じまいをしてしまう。そんな状態でも、木は備蓄しておいた栄養を消費しながら生きつづける。さらには、酸素を吸って二酸化炭素を吐くようになる。つまり、乾燥ストレスにさらされた森は「酸素の泉」ではなくなるわけだ！　その後、干ばつが去ると、驚くべきことが起こる。葉が以前よりも多くの二酸化炭素を吸収して、より多くの糖分を生成するようになる。そのおかげで、お腹を空かせた木はすぐに満たされる。つまり、食欲を増やすことで、少なくとも部分的に干ばつ時の栄養不足を解消するのだ。[5]

では、干ばつが深刻化すると、樹木の根の中では何が起こるのだろうか？　根は地中で活動するために、常に成長しつづけなくてはならない。そのために、栄養素が常に葉から根へ送られているわけだが、光合成がストップしてすべての葉が落ちてしまうと、根は栄養失調に陥る。これにより細根が枯死すると、干ばつの後に雨季がやって来ても水分を吸収できないため、木全体が危険な状態になる。すると、立っていることさえ困難になる。そんな木を私は二〇一八年の終わりに見た。

ある風のない雨の日、私は隣村にある森林アカデミーへ向かおうとしていた。家の玄関口の前で長靴を履いていると、バキッというおかしな音が聞こえた。音がした方向へ目をやると、なんと、巨大な一四〇歳のマツがゆっくりと傾いて薪小屋の上に倒れた。私はマツのもとへ駆けつけて露わになった根を確認した。枯死寸前だった。つまり、干ばつの夏は木から健康だけでなく、安定した土台をも奪ってしまったのだ。

倒れる寸前の巨木は、体内に備蓄されている栄養素をかき集めて、かなり昔の蓄えまで取り崩してしまう。それを発見したのは、フィンランドとドイツとスイスの合同研究チームだった。合同研究チームは、木の最も細い根の部分である細根の年齢を炭素分析により調査した。植物組織の中にある炭素の年代は、放射性物質の割合から導き出すことができる。大気中の炭素原子のごく一部、正確にいうと、大気中の炭素原子全体の一兆分の一は、奇妙な放射線を出す炭素一四原子、いわゆる炭素一四に変化する。炭素一四の半減期は五七三〇年。大気中では、炭素一四は常に生成されているが、植物組織の中ではそうではない。炭素一四は光合成により植物組織の中に取りこまれ、次第に崩壊する。つまり、植物組織の中に蓄積された炭素における炭素一四の割合は時とともに減少する。したがって、植物組織の年齢は、組織の中にある普通の炭素〔炭素一二〕と炭素一四の比率から導き出せる。この分析によると、ドイツの森の樹木の細根は平均一一〜一三歳であることが示された。

この説明は少々難しかっただろうか？　考えすぎないでいただきたい。というのも、木の根の年齢はもっと簡単な方法、つまり、木の根を切って中を確認すれば知ることができるからだ。じつは、根も幹と同じように直径を広げながら成長し、年輪を形成する。そこで、年輪を数えた研究者たちは驚くべき事実を発見した。根は炭素一四法で確認されたよりも一〇年も若く、一〜三歳だったのだ。年輪が決して嘘をつかないことは周知の事実である。研究者たちは、この差異は根の貯蔵組織にある一〇年前の栄養素の蓄えが原因である可能性が高いと見た。予備栄養素は植物組織と同じように老化するため、実際に新しい細根の形成につかわれるときには、老化がすでに何年も進んでいるという[6]。

樹木が予備栄養素を蓄えていることは本章の最初に書いたが、それがつかわれるまで約一〇年も組織の中で眠っているというのは、私にとってもまったく新しい発見だった。

この研究結果から、研究者たちは、古い予備栄養素をつかって新しい細根を形成することが、非常時の樹木の戦略であると考えるようになった。干ばつ時であっても、細根は成長しつづけなければならない。そうでないと、根の機能に障害が出るおそれがあるからだ。したがって、樹木が光合成を停止するほど深刻な干ばつ時には、非常に古い予備栄養素を取り崩せる木が有利になる。

私の庭の古いマツは、細根が乾燥したからではなく、貯蔵組織に予備栄養素が足りなかったせいで根の成長が止まり、倒れたのかもしれない。あるいは、計画的にエネルギーを消費することを学ばず、非常事態にもかかわらず糖分を浪費しただけかもしれない。とはいえ、アイフェル地方で干ばつの夏が数年も続くのは、これまでになかったことだ。だからこそ、あのマツは新しい学びを得るためにも、本当は、なんとしてでも生き延びねばならなかったのだ。

しかし、樹木は適切な戦略を、過酷な経験をとおしてのみ学ぶわけではない。木の仲間、特に両親からも重大な間違いをおかさない方法を学んでいる。次章では、二〇二〇年の干ばつに耐えたヴェルスホーフェン村のブナの天然林を例に挙げ、木が戦略を学ぶ仕組みを紹介する。

数千年の学び

生涯学習は現代の教育政策が生み出したものだと考えるのは間違いだ。樹木は何百万年も前からこれをやってきたのだから。特に何千年も生きつづける樹木にとって、学習は生き延びるために不可欠である。短命の生物は頻繁かつ大量に繁殖し、その際に遺伝子の突然変異を起こすことで必要な適応力を子孫に身につけさせることができる。たとえば、腸内細菌の代表格である大腸菌は、最適な条件下では二〇分ごとに繁殖する能力をもっている。[7] こんなことは、樹木にとっては夢物語でしかない。極端な場合、成熟するまで数世紀かかることもある。白樺やポプラのような非常に生命力が強い木でさえ、最初の花をつけるまで最低五年はかかるのだ。

森の木は場所がないと世代交代ができない。親木が死ぬと、大きな樹冠〔樹木の幹の上部にある枝や葉が茂っている部分〕がなくなるので、森に大きな隙間ができて光や雨が地上まで届くようになる。若木はこの機会をとらえて成長するしかない。たとえば、原生林の代表的な樹種であるブナの場合、三〇〇〜四〇〇〇年間隔で世代交代が行なわれている。それでは気候変動に合わせて遺伝子を変異させるのにも時間がかかる。いや、時間がかかりすぎるのだ。

しかし、環境の変化に適応する能力は遺伝子の突然変異がなくても身につけられることを、私たちは経験から知っている。人類はこの数千年のあいだ、遺伝子をほとんど変異させていないにもかかわらず、比較的短期間のうちに生活様式を大転換させた。それは、私たちの祖先が経験を積み、変化に対応することを学んできたからである。彼らは遺伝子に頼らず、自らの行動を変えることによって環境に適応した。氷に覆われた北の大地や灼熱のサバンナに人間が住めるようになったのは、その適応力のおかげである。したがって、長寿の生物が生き残るための鍵は、学習と獲得した知識の継承にある。木にもそれができることが明らかにされている。次に干ばつの夏が訪れた際は、ぜひご自分の目でそれを確かめていただきたい。


森林アカデミーが管理しているブナの森は、二〇一八年と二〇一九年の猛暑の夏でも驚くほど状態が安定していた。近郊の人工林〔おもに木材の生産目的のために、人の手で種を播き、苗木を植栽して育てている森林〕では、トウヒやマツが枯れ、高齢の広葉樹でさえ八月に葉を落としていた。けれども、私たちが管理する天然林〔おもに天然の力で形成されていて、天然更新による樹木の構成が優先してみられる森林。人工林の対義語〕では、そうした現象が一切見られなかった。大木の樹冠の下は常に薄暗くて涼しい。何カ月も雨が降っていないにもかかわらず土壌は湿っていた。

しかし、二〇二〇年の干ばつの夏に状況は一変した。七月までは前年の猛暑の繰り返しのように見えたが、八月に入ると、新たな熱波〔その地域の平均的な気温に比べて著しく高温な気塊が波のように連続して押し寄せてくる現象」がそれに追い打ちをかけた。山腹一帯に広がる森林は黄褐色になり、熱波到来から三日後には大量の落葉が始まった。森の中を歩けば、真夏だというのに何百万枚もの葉が樹冠から落ちてくる。胸が締めつけられる思いだった。そのとき、私は初めて森の将来を危惧した。というのも、これまで最も状態が安定していた北斜面の木々が著しくダメージを受けていたからだ。最も条件がいい場所にある木が最悪の症状を示していた。

北斜面の土壌は、樹冠の陰だけでなく山全体の陰におおわれるため、南斜面の土壌に比べて一日当たりの日照時間が少ない。したがって気温も低い。土壌と葉の中にある水分もゆっくりと蒸発する。ブナとナラはそのような陰がある涼しい場所では元気に育つ。成長の度合いを見れば、条件がいい場所とそうでない場所の違いは明らかだ。北斜面の木は、暑さと乾燥のため光合成がうまく行なえない南斜面の木より二倍も大きく成長する。つまり、北斜面は木にとってまさに楽園なのだ。少なくとも、二〇二〇年の夏の干ばつまではそうだった。

いっぽう、南斜面は昔から樹木にとって問題の多い場所だった。太陽に向けて広げられた巨大な太陽光パネルのように、木々は一日中最大量の日光を浴びてきた。雨が降っても、樹冠と土壌に降り注いだ水はすぐに蒸発してしまうため、猛暑になると、ブナやナラはすぐにダメージを受けた。そのいっぽうで、南斜面の木は光合成により糖分を生産する速度が北斜面の木よりずっと速い。要するに、南斜面の木は、北斜面の木が気候変動により初めて知ることになった気温上昇と急速な水分蒸発にすでに慣れていた。

したがって干ばつの最中でも、南斜面の木は、葉が茶色に変色するといったストレス性の症状を、北斜面ほど顕著に示すことはなかった。もちろん二〇二〇年の干ばつによる被害がまったくなかったとはいえない。しかし、経験豊富な木の大半は絶妙なタイミングで緊急モードにシフトし、水を節約してある種の半睡眠状態をキープした。

いっぽう、北斜面の木にとって、二〇二〇年八月の干ばつは寝耳に水だったようだ。二〇一九年の干ばつの時点では、北斜面の土壌には水が十分あり、その状態は二〇二〇年七月まで続いた。ところが八月に入ると、土壌は突然、水不足に陥った。ブナの成木は猛暑日には一日当たり五〇〇リットルもの水を葉の裏にある気孔から蒸発させる。そのため、緊急事態時には、即座に水を節約しなければ砂漠の中であえぐことになる。木の根には突然の干ばつを感知する能力があるが、感知した時点で戦略を変えようとしても遅すぎる。多少の水を節約するだけでは緊急事態は乗り越えられない。よって、最終手段はただ一つ。緊急ブレーキを踏むこと。

北斜面の木はそれを実行した。突然、激しく落葉し、葉の裏の気孔から水が蒸発するのを防いだ。それがどれほど劇的なものであったかは、変化の速度を見ればわかる。熱波が到来した三日後には、大量の葉が落ちてしまった。それは活動が遅い木にとっては最速の反応である。通常の秋の落葉と比べれば、その速さは明らかだ。秋の紅葉は、樹木が葉から光合成の原動力となる葉緑素を抜き取ることで始まる。葉から抜き取られた葉緑素は分解されて、来年の春のための栄養素として枝と幹と根に蓄えられる。そうしておくと、春が来ても、木は慌てて一から葉緑素をつくり出す必要がないからだ。葉は葉緑素が抜けると、これまで葉の内に隠れていた黄色色素が表面に現れるため黄色になる。最終的に、葉からすべての養分が抜き取られると、木は葉と枝のあいだにコルク組織でできた分離層を形成して落葉する。すべてのプロセスは通常、何週間もかけて行なわれ、一一月には終了する。

したがって、二〇二〇年八月の北斜面のブナの落葉はパニック発作といっていいだろう。まず、ブナは秋と同じ手順で、つまり通常のマニュアルに従って落葉を試みた。だが、それでは蒸散〔葉の裏の気孔から水が蒸発すること〕を十分抑制できず、間に合わないと気づいた。「ここで戦略を変えないと、干からびて枯れてしまう」

そこで、ブナは落葉の速度を上げて茶色の（すべての養分が抜けた）葉だけでなく、黄色と緑の葉まで落としてしまった。ブナが緑の葉を落とすことは例外中の例外だ。貴重な養分を（通常の秋のように）回収せずに、葉を落とすような木は自ら進んで火中に身を投じているようなもの。来春、冬眠から目覚め、新しい葉を茂らせるためには、養分の蓄えが必要だからだ。それだけでなく、病気やさらなる干ばつに見舞われた場合、予備のエネルギーがなくては木は死んでしまう。つまり、ブナにとって緑の葉を落とすことは究極の選択なのだ。

とはいえ、北斜面のブナは混沌とした中でも最低限の秩序を保っていた。落葉を樹冠の外側から中に向かって順に始めたのだ。この戦略は多くのブナにとって正解だった。というのも、しばらくすると風が北向きに変わり、湿った空気がアイフェルの山々に流れこんだからだ。そうこうするうちに、斜面に雨雲が立ちこめて大量の雨が降った。その結果、森の水不足は改善した。ブナはそこで落葉を止め、その分、秋の落葉を遅らせた。それは、栄養不足の樹木がよく選ぶ戦略だ。一〇月ではなく一一月に落葉するのは、わずかでも糖分を蓄え、来る（きたる）べき冬に備えるためである。

乾燥ストレスにさらされた森は、遠くから見ると、その惨状がより際立って見えた。まず、樹冠の外側の葉が緑から茶色に変化し、ブナやナラの森は死んだようにさえ見えた。ところが、実際に森の中に入ると、彼らは思ったよりも元気だった。樹冠の下を歩くと、樹冠の内側の葉のほとんどは青く生き生きとしていた。つまり、八月にすべての葉が落葉でもしないかぎり、真の意味での緊急事態とは呼べないのだ。

したがって、ヴェルスホーフェン村の北斜面に立つほとんどのブナは今回のショックを乗り越えられるだろう。なんといっても、今回の干ばつで水をよりうまく管理する方法を学んだのだから。窮地を乗り越えた木はこの先、水の節約を心がけ、水の消費量を調整し、冬のあいだに土壌に蓄えられた水を翌春に消費し尽くしたりはしないだろう。そうした木の変化は、幹の成長の遅れを測定することで確認できる。北斜面のブナは、たとえ今後、干ばつが起こらなくても、トラウマ的な経験を乗り越えて築いたその新しい戦略を保持しつづけるだろう――この先、何が待ち受けているかはわからないとしても……。

新しい経験をもとに行動を変えることを学習という。学習は長寿の生物にとって、生き延びるための最も重要な戦略である。

じつは植物は、私たちが考えているよりも複雑な方法で学ぶことができる。ここで、少し木から離れて、エンドウマメの研究について見てみよう。マメ科の植物は、ナラやブナに比べて実験室で扱いやすいため、研究が木と比べて盛んだ。たとえば、エンドウマメは、研究者たちが人工的につくり上げた世界で驚くべき結果を出している。オーストラリアのシドニーに住む生物学者のモニカ・ガリアーノ博士は、エンドウマメをイヌのように調教することに成功した。みなさんも、生理学者イワン・ペトローヴィチ・パブロフ博士の歴史的に有名な実験については聞いたことがあるだろう。博士はイヌの行動についての実験を行なった。その実験とはこういうものだ。イヌはエサを見せると、よだれをたらす。ベルを鳴らすだけではよだれをたらさない。ところが、ベルを鳴らしてからエサをあたえることを習慣づけると、エサを見ずとも、ベルの音を聞いただけでよだれをたらすようになった。つまり、イヌは異なる二つの刺激を同じ出来事に結びつけ、反射的に反応するようになったのだ。その反応は、条件反射と呼ばれる。じつは、エンドウマメも条件反射を起こす！

モニカ・ガリアーノ博士はまず、植物を暗い場所に置き、多少栄養不足になる状態をつくり上げた。そこで、ときおり植物に青い光を照射した。ご存じのとおり、光は植物が光合成をするためのエネルギーになる。したがって、栄養不足のエンドウマメは、家の観葉植物がよくやるように、葉を光が差してくる方向へ向けた。ここまでは特別なことは何もない。だが、その後に違いは現れた。暗闇の中のエンドウ豆は、光を照射した後は葉を元の位置に戻した。そこで、博士は毎回、光を照射する前に空気を吹きかけることにした。実験の最終段階では、光を照射せずに空気だけを吹きかけてみた。すると驚いたことに、エンドウマメは光が差してくることを期待しているかのように、葉の向きを空気が流れてくる方向へ変えたのだ。つまり、エンドウマメは光合成とは関係のない刺激を光と結びつけることができた。いいかえると、一つの物事から他の物事を連想することができた。博士によると、連想力はどの植物ももっているという。[8] この実験により、植物はこれまで想定されていたよりもはるかに複雑な方法で学習することが明らかになった。変化への対応力は想像以上に高い。では、ここで樹木に話を戻そう。

木が生涯を通じて学習しつづけることは、イヴェナック村（メクレンブルク＝フォアポンメルン州）近郊に生息するヨーロッパナラを見ればわかる。ヨーロッパナラは短くて太い幹とごつごつとした大ぶりの枝が特徴の木である。寿命は推定五〇〇〜一〇〇〇年。ドイツでいちばん長寿の木だ。大木なら、幹は直径約三・五メートル、体積は約一八〇立方メートルになる。これはドイツの平均的な樹木の大きさの三六〇倍に相当する。[9]

一般的に古木（こぼく）は、森林管理官からは脆弱（ぜいじゃく）だと見なされる。菌類に侵され、木質部〔幹の内部〕が腐っていることが多いため、木材としての価値は低い。腐食がある場合、木材加工はできない。また、古木は暑さや干ばつに対する抵抗力が弱いため、早めに伐採して元気な若木を植えるべきだという考えが、森林管理官のあいだでは定着している。とはいえ、それは真実ではなく、世間の抗議に邪魔されずに貴重な大木を伐採するための口実でしかない。そういった背景があるため、いまでは古木は森林から姿を消し、自然公園にしかない。自然公園では林業が行なわれないため、人々は古木を思う存分観賞することができる。

イヴェナックのヨーロッパナラは、気候変動が起こる前からさまざまな問題を抱えていた。イヴェナックの森は人が介入しすぎているため、天然林のような豊かな生態系が形成されていない。したがって、樹木はそこでは長生きできない運命にある。それにもかかわらず、イヴェナックのヨーロッパナラは、ドイツのナラの中で最長寿の記録を維持しているのだ。これは長寿のヨーロッパナラの学習能力と関係している。

ある研究グループがイヴェナックのヨーロッパナラを調査した。CT検査であれば、人間と同じように植物も無傷で内部の検査ができる。CT検査の結果、イヴェナックのヨーロッパナラの幹は腐食し、薄い外壁以外は中が空洞になっていることが判明した。幹の直径は約三・五〇メートルもあるのに、外側の比較的健康な木質部の厚さは六センチ〜五〇センチしかなく、一部は負荷能力がほとんどなかった。つまり、最高齢のヨーロッパナラは、そのわずかな木質部を支えとし、嵐に耐え、水を樹冠へ、葉でつくった養分を根まで運んでいたのだ。二〇一八年の干ばつの際に、干からびたように見えて私たちを不安にさせたのも無理はない。また、イヴェナックのヨーロッパナラが立っているのは、自然公園の中だということも忘れてはならない。そこでは、ムフロン〔ヒツジの野生祖先種〕やファロージカが地面に大量の排泄物を落とす。そんな場所は窒素過多に陥り、本来、樹木には適さない[10]。

アンドレアス・ロロフ教授の研究グループはイヴェナックのヨーロッパナラの状態を憂慮し、二〇二〇年の三回目の干ばつの夏に木の状態を調査した。すぐにわかったのは「この木は大丈夫!」ということ。ロロフ教授によれば、葉や枝の状態を見るかぎり、その年齢の木としては最適な状態にあるという。

ロロフ教授は、さらに詳しい調査を行なうために、イヴェナックのヨーロッパナラの樹冠に縄を投げて枝をいくつか採取した。驚いたことに、それらの若枝には、フユナラのものと見られる葉がいくつもついていた。フユナラはヨーロッパナラとはまったく種類の異なる木である。それだけではなかった。フユナラに似た実や、なんと、ピレネーナラにそっくりの葉まで見つかったのだ。種類の異なるナラが一本の木の中で合体するなんてことがあるだろうか？

じつは以前から、林業従事者のあいだでは「ヨーロッパナラやフユナラというものは存在せず、場所によって形を変えるナラの一種があるだけだ」という説があった。

ヨーロッパナラは長い茎の先に実をつける。それがドイツ名のシュティールアイヒェ（茎のナラ）の由来である。葉の形はフユナラと違うが、両者の決定的な違いは生息地である。フユナラが丘陵地や山間部などの乾燥した場所で生育するのに対し、ヨーロッパナラはどちらかというと川辺林のような低地でよく育ち、数カ月の浸水に耐えられるほど湿気に強い。少なくとも、これまでのところ林業従事者のあいだではそういわれてきた。とはいえ、いったん森に入ると、両者を葉と実の違いから見分けるのは難しかった。なぜなら森の中では、両者の子孫はほどよく混ざり合い、さまざまな中間形態を形成していたからだ。

イヴェナックのヨーロッパナラについての研究は、これまでとはまったく違った考察をもたらした。ヨーロッパナラとフユナラは二つの樹種ではなく、一つの樹種が気候に適応し、異なる形を形成している可能性があることが判明したのだ。イヴェナックのヨーロッパナラの祖先は、氷河期のあとにスペインからドイツへ渡ってきたことが、遺伝学的検査で明らかにされている。ドイツが気候変動により温暖で乾燥した土地（生まれ故郷のように）に変わりつつあるとしたら、木は変化に適応し、それが葉の形の違いとなって現れていると考えてもおかしくはない。それは、ヨーロッパナラが二〇一八年、二〇一九年、二〇二〇年と三年連続で起こった干ばつを乗り越えたことからも裏づけられる。[11] ヨーロッパナラはいま、生まれ故郷の記憶をふたたび取り戻しつつあるのかもしれない！

あるいは、新種の木が出現したという可能性もある。もしかすると、私たちはその目撃者なのかもしれない。しかし、この場合、目撃者という言葉は適当ではない気がする。なぜなら、新種出現のプロセスは何千年もかかることがあるからだ。在来種のナラがヨーロッパナラとフユナラという新種にわかれたと考えるのは、短絡的すぎるように思える。というのも、両者の混合型は全国各地で発見されているからだ。ナラは風を利用して花粉を飛ばし、受粉する。その花粉は何キロメートルも離れた木にたどり着く。したがって、花粉は広範囲にわたり常に混ざり合っている。結果が風まかせであるような状態で、新種などつくれるだろうか？

じつは、動物の世界にも似たような例がある。ハシボソガラスがそれに当てはまる。ハシボソガラスも新種誕生の準備をしている可能性があるという。彼らは行動範囲が広く、別の地域のカラスとも交配する。それにもかかわらず、毛の色が違う変種であるズキンガラスをつくり出した。遺伝学的検査によると、ハシボソガラスとズキンガラスは同じ種であり、交配もしていることがわかっている。とはいえ、地域により発生頻度が異なる。たとえば、ズキンガラスは、ヴェルスホーフェン村を囲む森にはいないのに、エルベ川の東側では頻繁に目撃されている。

ハシボソガラスとズキンガラスが交配するケースは実際には少ない。それは、家畜のニワトリやヤギでも見られる、「色が似ている動物は互いにひかれ合う」現象と関係している。そのため、ズキンガラスは独立した種として存続し、将来的には新種のカラスに発展する可能性があるという。

しかし、ナラのおしべの花粉に恋心はない。どのめしべにつきたいか、つきたくないかなんて考えない。したがって、ヨーロッパナラは場所や気候の変化に適応して、花や実の形を変えたと考えるほうが適切だろう。やはり二種説は私にはピンとこない。


イヴェナックのヨーロッパナラの調査は、最高齢の木でも新しい環境に適応する能力をもちつづけるという、これまでとは真逆の結論を導き出した。木が学習して習得した知識を長期間保持することは、拙著『樹木たちの知られざる生活　森林管理官が聴いた森の声』で説明したとおりである。一〇〇〇年間学習した木は、干ばつ時の対処法を植えたばかりの苗木よりはるかによく知っているはずだ。今回の調査結果は、森の木の高齢化に太鼓判を押したといえるだろう。

生涯を通して学びつづければ、知識は大量に増える。人間はそれらの知識を、近代以前には口承で次世代に伝え、近代以降は書物やコンピュータに保存してきた。しかし、木はどうだろう？　一本の木が死ぬと、その木が身につけた知恵も一緒に消えてしまうのだろうか？　「そうに違いない」と、科学者は長年考えてきたが、最新の研究結果がこれをくつがえした。じつは、樹木も知恵を次世代に伝えている。

種に書きこまれる知識

今日の森、厳密にいうと人工林に時間は残されていない。では、どうすれば「森」は気候変動が原因で起こる猛暑や干ばつに立ち向かうことができるだろうか？　樹木には学習能力があるが、自らの遺伝子を変異させて環境適応力を高めるには時間がかかりすぎる。遺伝子が変異する、いわゆる突然変異は生物の特性を変化させるが、それは残念ながら、次の世代にしか起こらない。しかも、樹木の場合、突然変異は木が天然林で老衰により死んだ場合にしか起こらない。樹種によっては寿命が六〇〇年を超えるものもあり、気候変動が急速に進む中では、そのテンポは遅すぎるといわざるをえない。

突然変異の機会は、動物、たとえばウサギのほうがはるかに多い。ウサギは繁殖力が非常に強く、メスのウサギは妊娠中にふたたび妊娠することもある。一年に三～四回出産できるため突然変異が起こる可能性も高い。とはいえ、突然変異は意図的に起こせるものではないので効率のよい変化は望めない。生殖の過程で遺伝コードの読み取りエラーが偶然生じて起こるものだからだ。

したがって、突然変異の大半は何の変化ももたらさず、変化をもたらしたとしたら大きな問題になる可能性が高い。そう考えると、樹木が環境に適応する子孫を生み出すために突然変異を起こそうとすれば、何千年もかかることがわかるだろう。それならば、偶然を排除して効率を上げる方法をとるほうが得策ではないだろうか？　少なくとも人間はそれをしている。自分がした経験を口頭または書面で次の世代に伝えている。前世代の知恵を受け継いだ次世代は、突然変異によってではなく、生活習慣を変えることで環境に適応している。しかし、樹木の世界にいわゆる言葉は存在しない。それにもかかわらず、樹木は遺伝子をとおして子孫にメッセージを送り、知恵を伝授している。樹木がそれをどのように行なっているかを説明する前に、第二次世界大戦後に起こったある現象について考えてみたい。

ほんの数十年前まで、科学の世界では、遺伝子の変化は突然変異によってのみ起こり、経験によっては起こりえないと考えられていた。つまり、経験は口伝え、あるいは指導によってしか次世代に伝えられないという見解が主流だった。しかし、第二次世界大戦がその見解をくつがえした。一九四四年と一九四五年の冬、オランダではドイツの弾圧が原因で食料が不足し、多くの人が飢餓に陥った。その際、妊婦のお腹の中にいた胎児に飢餓の経験が伝えられ、新陳代謝が飢餓状態に適合するようプログラミングされたのだ。その結果、戦争が終わり、食品の大量生産が始まると、戦中に生まれたオランダ人のあいだで健康問題が急激に増加した。彼らは平均的なオランダ人と比べて、肥満になったり、その他の成人病を患ったりする確率が高かったという[12]。

人間の外見や身体機能を決めるのは遺伝子だけではないことは、体内の細胞が教えてくれる。その細胞の一つひとつに、完全な人間の設計図が、ねじられた状態でコンパクトに収められている。その設計図はDNAと呼ばれ、伸ばすと二メートルの長さになる。分子レベルでは、その中に大量の情報が収められているが、体のそれぞれの部位の細胞の中では、一部の情報しかつかわれていない。だから、たとえば手の細胞は脳の細胞とは異なる形をしているのだ。しかし、どうやって生物の身体は成長期や傷の治療期に、しかるべき場所で必要な種類の細胞だけが形成されるよう遺伝子を調整しているのだろうか？　その答えはエピジェネティクス〔DNAの配列変化によらない遺伝子発現を制御・伝達するシステムおよび学術分野のこと〕にある。エピジェネティクスとは、遺伝子のどの部分のスイッチをオンにしたりオフにしたりするかを決めるプロセスのことである。このプロセスは、DNAを、身体機能を構成するすべての知識が収められた百科事典と見なすとわかりやすい。つまり、エピジェネティックなプロセスとは、読みたいウェブサイトだけを確実に開くためのブックマーク機能のようなものなのだ。

そのブックマーク機能はメチル分子のおかげで機能している。メチル分子は遺伝暗号にくっつき、遺伝暗号を変えることができる。遺伝暗号は、オランダの第二次世界大戦の例が示すように、人生経験からも影響を受けて変化する。

ミュンヘン工科大学の研究者たちは、ポプラの古木を対象にした実験で、樹木にもエピジェネティックに遺伝子の働きを変化させて経験を子孫に伝える能力があることを証明した。実験で対象にされた木は三三〇歳。干ばつや気温の変動を繰り返し経験し、環境の変化に適応して生き延びた木である。それは遺伝子にも表れていた。しかし、研究者はいったいどうやってこの古木の遺伝子の働きが変化したことを発見したのだろうか？　それは簡単だ。枝についた葉を調べればいい。枝は年々長くなって老化する。つけ根の部分が最も古く、先端が最も若い。したがって、ポプラが何世紀にもわたって学習し、エピジェネティックに遺伝子の働きを変化させつづけたとすれば、最も大きな変化は枝の先端の葉に見られるはずだ。

まさしくそれを、ミュンヘン工科大学の研究者たちは発見した。葉と葉の距離が離れていればいるほど、より大きな「ブックマーク機能」の変化が確認された。研究対象となったポプラの場合、突然変異より約一万倍も速い速度で変化が起こったことがわかった。それだけでなく、木は集めた新しい知識（経験）を自分の子どもだけでなく、将来生まれてくる子孫にも伝授することが明らかになった[13]。樹木は毎年種を落とす。したがって、毎年新たな特性をもった木の子どもたちが生まれていることになる。

では、いったいどうすれば子どもの木が親木から何を学んだかを知ることができるだろうか？こうした調査は時間と手間がかかるが、複雑ではない。スイス連邦森林・雪・景観研究所の研究者たちはこれを調べるために、二〇〇三年からいくつかの森の一部のアカマツに灌漑（かんがい）（外部から人工的に水を供給すること）を行なった。つまり、それらのアカマツは、水不足を体験することなく、甘やかされて育てられた。一〇年後、灌漑は中止され、灌漑を行なったマツと行なわなかったマツの両方から種子が採取され、温室でその種が播（ま）かれた。すると、灌漑を行なったマツの苗木は、行なわなかったマツの苗木よりもはるかに乾燥に弱かった。木が知識を次世代に伝えていることを最初に証明した実験の一つがこれだった[14]。

また、別の実験では、実験の対象にされた木が外国へ運ばれた。オーストリア産のトウヒの苗木が極寒のノルウェーの森に移植されたのだ。そのトウヒは無事に成長し、子どもをつくることができた。そしてそこでも、学習効果が次世代に現れた。オーストリアのトウヒの苗木は、ノルウェーのトウヒと同レベルの耐霜性を示した。いっぽう、その学習効果は逆のパターンでも現れた。オーストリアの森に移植されたノルウェー産のトウヒは、温暖な気候に適応し、その子どもたちは耐霜性が親の木より低下していた[15]。

これらの実験により、寿命が長くて世代交代に時間がかかる樹木は、環境に適応するのに時間がかかるという誤解は解けた。木は生涯をとおして学習し、その種には最新の戦略が書きこまれている。よって、生まれた子どもは親と同じ失敗を繰り返して一から学び直す必要はない。これもエピジェネティクスのおかげである。親木が長生きすることはデメリットではなく、逆に大きなメリットになる。なぜなら、木は年を取れば取るほど賢くなり、環境への適応力が高まるからだ。子どもの木は親の木が何世紀にもわたり学習したものを受け取ることになる。いっぽう、先に例として挙げたウサギは最長でも一〇年しか生きられないので、エピジェネティックに子孫へ受け渡せる能力は限られている。この点においては、樹木のほうが圧倒的に有利である。

木がこれまでに何を学んだかは、樹冠の外側の枝の先端についた葉を調べるといちばんわかりやすい。なぜなら古木の最も若い枝には、これまでに木が集めた大量の知識がつめこまれているからだ。イヴェナックのナラの場合、一〇〇〇年の知識がつめこまれていることになる。そのナラの葉は、ヨーロッパナラ（湿気を好む）からフユナラ（乾燥を好む）へと変化していた。その驚くべき葉の変化は、特に若い枝が集中する樹冠上部で発見された。それなら、最も若い枝で育ったドングリは、最も古い枝で育ったドングリよりも乾燥に適した木に成長するかもしれない。最新の研究によれば、それが事実である可能性があり、もしそうなら、樹木はこれまで考えられていたよりもずっと早く気候変動に適応できることが証明されるだろう。樹木の適応の速度が十分であるかどうかは、もちろん、私たち人間が環境破壊を加速させるか、否かにかかっている。

ブナやナラは涼しくて湿度の高い場所を好むため、私たちは干ばつの夏が増えるのを心配している。けれども、後ほど説明させていただくが、本当の問題は干ばつではないかもしれないのだ。

冬の蓄え

湿度が高くて風がない。そうした天候のときは木を心配する必要がない。しかし、冬に嵐が来ると、私はうめきながらしなる樹冠の枝を見つめては、多くの木が倒れてしまわないかと心配になる。また、夏に猛暑が続き、雨が降らないと、干からびたトウヒがキクイムシに襲われて死んでしまうのではないかと不安になる。暑さが和らぎ、ようやく雷雨が潤いをもたらしても、私の心はまだ落ち着かない。なぜなら広葉樹はまだ葉を残している時期に激しい突風をともなう雷雨に見舞われると、危険な状態に陥るからだ。秋に落葉する広葉樹は一般的に、冬の嵐が来ても風の影響を受けにくく、常緑樹の針葉樹のようには簡単に倒れない。とはいえ、準備ができていない段階で暴風雨の襲撃に遭えば、枝がひどく曲がってしまう。ブナやナラなどの広葉樹が倒れたり折れたりするのは、たいていそうした天候のときである。

このように、森を守る人間には心配の種が尽きない。そんな中、スイス連邦工科大学（ETH）チューリッヒ校の研究チームが、少なくとも夏の干ばつに対する私の心配だけは取り除いてくれた。研究者チームはスイスの一八二カ所の森林を調査し、ブナとナラとトウヒが夏に吸い上げる水が、どの季節に降った雨水なのかを調べた。これを聞くとほとんどの人は「夏の雨水にきまっている。ほかに何があるっていうんだい？」と思うかもしれない。しかし、正解は意外や意外、冬の雨水なのだ！　じつは、森が水不足に陥るかどうかは、暖かい季節ではなく、寒い季節にどれだけ雨が降ったかで決まる。

この話を聞くと、研究結果について考える前に別の疑問がわいてくる。どうやって研究者はそんなことを発見したのだろう？

まず、研究チームは冬の雨水と夏の雨水の違いを調べた。その結果、冬の雨水は夏の雨水とは異なる化学的特徴をもち、異なる土層に結合することが判明した。とはいえ、木がどの雨水を吸い上げているかをどうやって知ることができるのだろうか？　それは樹冠の枝に蓄えられた水の科学的特徴を調べればわかる。こう書くと、簡単そうに聞こえるが、実際に調べるのは簡単ではない。調査を行なうには、まず技術者がヘリコプターの下にぶらさがって木の上から枝のサンプルを切り落とす必要があるからだ。そうして採取したサンプルを実験室で調べたところ、ブナとナラは夏でも冬の雨水を、トウヒは季節を問わずどちらの雨水も吸収することがわかった。

ここで、多くの人は「夏は雨が少ないから、木は冬の雨水の蓄えをつかうのだ」と考えるかもしれない。しかし、調査の対象になったスイスの土地の気候はそうではなかった。スイスでは、年間降水量の約五八パーセントが暖かい季節に降る。また、木がどちらの季節の雨水を吸収するかを、降水量により決めているのであれば、樹種間の違いを説明することができないだろう。

ＥＴＨの研究者は、樹種間の違いは、同じ林群の中でも、ブナとナラは深い土層にある非常に小さな隙間から少しずつ、トウヒは同じ土層にある大きな隙間から一気に水を吸収するため生まれるとしている。つまり、同じように根の深い樹種であっても、一部の林業従事者が考えているような水の取り合いはしていないということだ。冬の雨水と夏の雨水が土壌の中で別々に貯蔵されていることは容易に理解できる。夏の雨水はすぐに植物に吸収されて、葉から蒸発してしまうが、冬の雨水は深い土層にある非常に小さな隙間にまでゆっくりと浸透する。[16] 冬のあいだ、すべての木は眠り、水分消費量はほぼゼロになるのでそうした違いが現れる。通常、樹木は、土壌の質にもよるが、一平方メートル当たり最大二〇〇リットルの水を吸収し、蓄えることができる。[17]

この研究結果から、二つの重要なポイントが見えてくる。一つ目のポイントは、ブナやナラをはじめとする広葉樹の状態を知りたければ、その土地の冬の降水量に注目すべきだということ。気候変動の影響で冬が年々短くなっているため、冬の降水量も減少している。ドイツ連邦環境庁によると、年間の冬日の日数は一九六一年以前に比べて一四日も減少している。[18]

二つ目のポイントは、重量が七〇トンもあるハーベスタ〔収穫や伐採を行なう農業機械および林業機械の総称〕などの林業機械が、森の土壌の深い層にある隙間を圧縮していること。土壌は繊細なので重機がその上を走ると、押されたスポンジのようにへこんでしまう。しかし、スポンジと違い、形が元に戻ることはない。その結果、重機が走った土壌には雨水が浸透しなくなり、木が冬季に雨水を蓄えられなくなる。

ただし、重機の使用が許容範囲内であり、土壌が健康であれば、冬に蓄えられた水は、干ばつの際には樹木にとっての非常用水になり、夏の終わりまで補給水タンクとして機能する。

こうしたことを知ると、秋の落葉がまったく違って見えてくる。これまで落葉は、積雪による枝への負荷を減らすことが主な理由だと考えられてきた。特に、湿った雪は水分含有量が多いため、葉のついた枝に巨大な負荷をかけてしまう。すると、太い枝が折れたり、木自体が倒れたりするおそれがある。また、葉のない木は突風を受ける面が減るため、風雨に耐えやすいというメリットがある。

最新の研究結果によると、「樹冠遮断」も落葉樹が葉を落とす理由の一つかもしれないという。「樹冠遮断」とは、雨水が樹冠にとどまることをいう。しかも大量に！　樹木の葉にとどまった雨水は、地面に届かずにそのまま蒸発してしまう。そのため、少なくとも夏のあいだは豪雨でも降らないかぎり、木は渇きを癒やすことができない。したがって、冬眠中に「葉がない状態である」ことには意味がある。そのおかげで、雨粒が葉に邪魔されずに地面に届くようになるからだ。

ところが、また夏がやって来ると状況は一変する。樹木はその形状のせいで、他の植物に比べて「樹冠遮断」による雨水の損失が最も大きい。地面一平方メートル当たり、約二七平方メートルの葉面が樹冠にはあり[19]、雨水はそのすべての葉面を濡らしてからでないと地面に到達できない。とはいえ、それは樹種により大きな違いがある。冬になると、針葉樹林より広葉樹林のほうが、雨水が土壌へ浸透しやすいことは誰が見ても明らかだ。夏はどの種類の木もほぼ同量の雨水を樹冠にとどめるが、冬になると大幅な違いが出てくる。ブナやナラなどの広葉樹は葉を落とすため、雨水の大半が地面に降り注ぐようになる。Ｖの字に開いた大枝が漏斗（ろうと）のような役割を果たすため、枝についた雨水は余すことなく幹へ注がれ、滝のように根元へ流れ落ちる。いっぽう、常緑樹のトウヒとマツはそうではない。夏だけでなく、冬季でも雨水の三〇～四〇パーセントが樹冠にとどまってしまう。広葉樹の場合、その割合は八パーセント以下になる。[20]

では、樹冠にとどまった雨水がどうなるか見てみよう。広葉や針葉や枝に付着した雨水はすぐに蒸発してしまう。しかし、水は消えてしまったわけではなく、「その森が失った」というだけだ。というのも、空気中に放散された蒸気は別の場所で新しい雨雲を形成し、新たな森で雨を降らせるからだ。したがって、「樹冠遮断」は森林の生態系全体にとってはほとんど問題がない。ただ個々の木にデメリットがあるというだけである。雨水が土壌に浸透し、自らの根を潤すことは、一本の木にとって非常に重要だ。とはいえ、針葉樹林の場合、根まで届く雨水の量は樹冠に降り注ぐ量の三分の一にすぎない。なぜ針葉樹は、冬でも枝に針葉を残すという「ばかげたこと」をするのだろうか？　水は生命の源(みなもと)ではないか！　その理由は、トウヒやマツの生まれ故郷にある。地球の北側にある針葉樹林帯では、夏が短く、冬が長い。そのため、春に葉を茂らせて秋にまた葉を落とすようでは、光合成をして糖分をつくり出す時間が足りなくなる。そうした地域に育つ木は葉を年中つけ、どんな季節であっても気温が上がりさえすれば光合成をする、というスタンスを保つほうが効率的なのだ。

また雨水は、地面に積もった落葉の層を貫通しなければ樹木の根まで到達できない。そのため、樹木にとっては落ち葉が分解されやすいことが水分確保の鍵になる。つまり、土壌の中に生息する大量の微生物が食欲旺盛で、素早く落ち葉を食べてくれることが、木にとってメリットになる。

ドイツの森で、微生物により分解される落ち葉や小枝の量は、年間一ヘクタール当たり約五トン。それを葉の数に換算すると数百万枚になる。たった一本のブナでさえ毎年五〇万枚の葉を落とし、足元に深さ一〇センチほどの落葉層を形成する。[21] 落葉層は、土壌の質にもよるが、一〜三年で分解されて腐植土になる。腐植土層は森の貯水池とも呼ばれ、樹木は葉をその上に落としつづけることで、いわば自家製の貯水タンクをつくっている。

いっぽう、トウヒやマツだけを植えた単一樹種の人工林では、そうした腐植土層は形成されない。その理由は、土壌の微生物が酸性の針葉を好んで食べないからだといわれている。しかし、本当は、ドイツの森の微生物が、テルペンや樹脂をたっぷり含んだ外国製の食べ物に慣れていないからだといったほうが正しいだろう。

そのため、雨水はトウヒやマツの密な樹冠をすり抜けて地上に到達したとしても、土壌にはなかなか浸透できない。長い年月をかけて落ちた針葉が、土壌の上に厚いカーペットのように広がっているからだ。私はよく、そのカーペットが防水材のように働き、長い干ばつの後では雨水をはじいてしまうのを目撃した。現在、多くの人工林が夏の干ばつにあえいでいるが、ブナやナラよりも夏の降水量により多く依存しているトウヒが、より多くのダメージを受けているのは不思議ではない。

地下水の量を決定するのは、その上にある森だ。森の中で起こるすべての障害を乗り越えた雨水だけが、地中の深みに到達して地下水になる。一滴の水が地下水になるまでに、どれほど多くの雨水が木の上で蒸発したり、川へ流されたり、腐植土や土壌に浸みこんだり、蓄えられたりしたことだろう。さらに、忘れてはならないものがある。それは成長した木の水の消費量だ。大木は夏の暑い日には五〇〇リットルもの水を吸収する。つまり、地下水は木が飲み残したわずかな水からできている。地下水の量はわずかであるが、森の種類により、そこには大きな違いがある。ブナの天然林はマツの人工林に比べて、より多くの水を土壌に蓄えている。その量はマツの人工林に比べて三～五倍も多いという[22]。

とはいえ、針葉樹であってもカラマツは例外だ。カラマツは、ヨーロッパの山岳地帯に生育し、在来種の針葉樹の中では唯一広葉樹と同じように秋に葉を落とす。トウヒやマツと一緒に人工林に植林されることが多いが、本当は適切ではない。カラマツにはいくつかの利点がある。一つ目は、秋に落葉するため広葉樹と同じように冬の暴風に強いこと。二つ目は、ブナやナラと同じように、一一月から四月のあいだに降った雨は葉に邪魔されずに直接地面へと流れていくこと。カラマツが落葉するのには意味があると私は思っている。カラマツはもともと湿度の高い地域に生育していたため、たとえば、マツよりも多くの水を必要とする。広葉樹と同じ進化の戦略をとることで生き抜いてきたのではないだろうか?

秋が深まり、葉が少しずつ色づいてくれば、みなさんにもぜひ木の健康診断をやっていただきたい。いくつかの樹種については、葉の色を見るだけでその健康状態がわかるからだ。

アブラムシに効く紅葉

二〇二〇年一〇月、私はある現象に気づいた。紅葉の色がいつものように鮮やかではないのだ。緑と黄色と茶色の葉は例年どおりの色だった。黄色の葉は雲の隙間から差しこむ太陽の光を受けてキラキラと輝いていた。しかし、私の馬の放牧地にあるサクラと立派なナシの木は、毎年、燃えるようなオレンジや深紅の葉を見せてくれるのに、その年はそれが見られなかった。通常、このサクラの木は、八月下旬になると「冬眠前の蓄えはもう十分できたから店じまいを始めよう」とでもいわんばかりに、葉の色を変えはじめる。サクラの木は、温暖で湿度が高い年には、他の樹種よりも早く糖分を蓄えることができるらしく、貯蔵組織が養分でいっぱいになると光合成を止めてしまう。しかし二〇二〇年の夏、そんなサクラの木に変化が見られた。ところどころ茶色に変色した葉は見られるものの、糖分の蓄えがまだ十分でないらしく、なかなか紅葉を始めない。周囲の森の木と同じように干ばつの影響を受けていることがわかった。通常、樹木は葉から養分を抜き取ると、葉の色を緑から黄色に変化させる。その年、サクラの木が恒例の八月末ではなく、他の広葉樹と同じように一〇月末に緑の葉を黄色に変えたのは、私にとって意外なことではなかった。

黄色の紅葉は、木が自ら進んでつくり出しているものではなく、冬眠の準備をしているあいだに自然と現れる現象にすぎない。冬眠に入る前、木は葉の中の葉緑素を分解し、それを枝と幹と根にゆっくりと送りこむ。そして、春が来ると、保管していた葉緑素を若葉に向けて解き放つ。秋になり、葉は葉緑素が抜き取られると、カロテノイドの色である黄色に変わる。カロテノイドは常に葉の中に存在している物質だが、普段は葉緑素の緑色におおい隠されているため見えない。

いっぽう、赤色の紅葉は、木が赤い色素をつくり出し、それを自ら進んで葉に送りこんでいる点で黄色の紅葉とは異なる。つまり赤い色素は、他の物質が葉から出てゆくのに、自分だけは葉に向かって逆走している暴走車みたいなものなのだ。なぜ樹木がそうした色素をつくり出すのかは科学的にも明らかにされていない。赤い色素の生成にはエネルギーも時間もかかる。本来なら、突然の冬の到来のリスクが高まる時期に、そんな浪費をしている場合ではないだろう。新しい色素をカーレースに送りこむ余裕があるなら、むしろ総力をあげて、葉に残った大切な養分をできるかぎり早く枝や幹などの安全な場所へ移動すべきだろう。なぜなら、最初の大寒波がやって来ると、ブナやナラなどの広葉樹は、強制的に冬眠させられてしまうからだ。そうなると、やり残した仕事はあきらめるしかない。

赤色の紅葉についての説明で一般的なのは、日焼け防止説である。木は葉のためにある種の日焼け防止剤を生産しているという。それは、人間の皮膚が紫外線にさらされると防衛反応として黒くなるのと同じ原理だが、それが本当なら、なぜ木は冬目前に、落葉しかけた葉を紫外線から守る必要があるのだろうか？　研究者たちは、葉緑素が分解されて葉から抜き取られる過程では、葉が非常に傷つきやすくなるからだと説明している。[23] 葉の細胞が元気であれば、葉から養分を完全に抜き取って安全な場所に保管できるが、葉の組織が傷ついてしまえば、それはうまくいかない。

赤色の紅葉については、少なくとも筋の通った説がもう一つある。赤い色素には害虫を退治する効果があるという。どうやら樹木は葉を赤くさせることで、自分の健康をアピールしているらしい。「見るがいい、寄生虫ども！　秋になっても俺にはまだ体力が残っている。もうひと仕事して、葉を赤く染めるなんてことはお手のものだ。だからここに来たって仕方ないぜ！　春が来たら猛毒で追い払ってやるからな！」という具合に。それなら、赤い葉は単なる「ひけらかし」だというのか。しかし、話はそう単純ではない。アブラムシのような害虫にはある特性がある。それは赤色を恐れないこと。なぜならアブラムシの目には赤に対応する受容体がないため、赤色が見えないからだ。じつは、赤色がアブラムシに見えないからこそ、木は葉を赤色に染めているという証拠がある。

樹木と同じように、害虫も冬支度をする。多くの害虫にとって、それは「死ぬ」準備をすること。害虫は死ぬ前にもう一度、卵を産む。害虫の母親は、春に孵化した子どもたちがエサを見つけやすいようにと、樹皮の割れ目に卵を産みつける。いっぽう、樹木は葉に毒素をためて寄生虫の攻撃から身を守ろうとする。とはいえ、それは樹木が健康な場合に限る。巨大な人工林に植えられたトウヒやマツの現状を見れば、不健康な木がいかに害虫に襲撃されやすいかがわかるだろう。ちなみにキクイムシは、どの針葉樹が外的なストレスを受け、虫の攻撃を防御できなくなったかを「におい」で知るという。

アブラムシとリンゴの木の対立は、キクイムシとトウヒのそれに似ている。春になり、柔らかい若葉が芽吹くと同時に、多くの葉が爪のように内側に丸まっていくのを、あなたは庭で見たことがあるかもしれない。葉の裏側を見ると、その原因がわかる。アブラムシの大群が口針を柔らかい若葉に突き刺して甘い汁を吸っているのだ。アブラムシが大量に発生すると、若枝が伸びなくなってリンゴの木は成長を止める。発育不良の若枝にはほとんど葉がつかないため、木は弱ってしまう。それだけではない。アブラムシはウイルスや菌類や細菌による病気を媒介することもあり、樹木にとっては非常に危険だ。だから、木は「アブラムシが自分の木だけ避けてくれたらどんなにいいだろう」と願っているのではないだろうか?

まさにその願いを実現させたのが、リンゴの木だ。健康なリンゴの木は、落葉前に葉を赤く染めることで、多くの害虫を退治することに成功した。同じような現象は、秋に赤く紅葉する他の多くの落葉樹にも見られる。長期の森林研究によると、そうした木は基本的にアブラムシと敵対関係にあるという。食べるものと食べられるもの、攻撃するものと防御するものが共に進化し、いわゆる共進化が起こった可能性が高い。

すでに書いたように、アブラムシには赤色がまったく見えない。とはいえ、赤く紅葉した木にはアブラムシがつきにくいという研究結果がある。また、赤く紅葉した木についたアブラムシの子どもは、黄色に紅葉した木についた子どもに比べて病気にかかりやすいという。[24]

赤色は人間界では警告を意味するが、アブラムシには何の効力もないはずだ。ところが、アブラムシの目で世界を見ると、その効力が見えてくる。アブラムシの母親は秋になると、子どもに最良の生活環境をあたえてくれそうな木を探す。緑や黄色の葉は、アブラムシの目から見ると非常に目立って魅力的に見えるため、母親はそうした葉がついた木の幹や枝に卵を産みつける。つまり、赤色はアブラムシにとって警告色ではなく、視覚をあざむく迷彩色なのだ！　赤色は人間の目には目立って見えるが、アブラムシの目には青色と緑色が混ざった地味な色にしか映らない。[25]

ハーバード大学のマルコ・アルケッティ博士は、アブラムシと木の関係をさらに掘り下げて考察するために、リンゴの木についたアブラムシの健康状態を調査した。リンゴの木は野生樹だけでなく、人工栽培種も多いため比較しやすいからだ。野生のリンゴの木は何千年ものあいだ、アブラムシと共存して独自の戦略を展開してきた。いっぽう、人工栽培種のリンゴの木にはそういった歴史がない。なぜなら、人工栽培種をつくった人間にとって大事なことは、収穫量と大きさと見た目の美しさとおいしさだったからだ。したがって、人工栽培種のリンゴの木はアブラムシではなく、人間の圧力により進化した。人間の希望と選択基準に適応することで生き延びた。これは「長いものには巻かれろ」という生存競争ではいちばん大事な要素である。ところがそのせいで、人間が重要視してこなかった特性がなおざりにされてしまった。赤色がアブラムシに対する防御色になるという考えは、過去にはなかった。いまでも園芸家ですらそれを知らないのだから、当然のことだろう。リンゴの品種改良は何千年も前から行なわれている。その結果、赤く紅葉する人工栽培種は少なくなってしまった。

アルケッティ博士は、赤色とアブラムシの関連性を明らかにするために、春のアブラムシの生存率を調査した。紅葉の季節に葉が緑のリンゴの木では六一パーセント、黄色の木では五五パーセント、赤い木では二九パーセントという結果が出た。

赤色の紅葉がアブラムシに対する防御戦略になるなら、なぜすべてのリンゴの木がそれをしないのだろうか？　一部の特性に重きをおいた品種改良がその理由の一つであることは間違いないが、アルケッティ博士によると理由はまだ他にもあるという。それはアブラムシが媒介する恐ろしい病気に対する抵抗力だ。抵抗力が高い品種は、少々アブラムシがついても問題ない。しかし、特に抵抗力が低い品種は、病気の媒介者からしっかりと身を守らなければならない。アルケッティ博士の調査では、北米のリンゴの木でそれが確認された。人工栽培種の中でも、アブラムシが媒介する病気にかかりやすい品種は、品種改良しても葉を赤く染めつづけたという。[26]

話を二〇二〇年一〇月に戻そう。長い猛暑の夏のあと、ドイツの多くの地域では赤色の紅葉がほとんど見られなかった。サクランボやリンゴの木や野生のスピノサスモモのような低木でさえ、葉は緑から黄色に、そしてかすかなオレンジ色に変わることはあっても、それ以上赤くはならなかった。赤色の色素を形成するためには、木は積極的に活動して大量のエネルギーを消費しなくてはならない。したがって、赤い紅葉が見られないことはむしろ当然の結果だった。アブラムシに対する防御は、来(きた)るべき春を健康な状態で迎えるためには非常に重要だ。とはいえ、その前には長い冬がやって来る。冬のための十分な養分を確保することのほうが先だった。

二〇二〇年一〇月の広葉樹は、十分な量のサケを食べられなかったせいで、冬眠に必要な脂肪を十分蓄えられなかったクマと同じような状況に陥っていた。冬を越せるかどうか心配している木が、ただでさえ少ないエネルギーを紅葉に投入したりはしないだろう。しかも、アブラムシに対する防御は、木が若葉を開くときだけ必要なものである。若葉が開ききってしまえば、即座に糖分の生成が始まる。そうなると、害虫がその一部を盗んだとしても、生命力は日に日に高まるため大きなダメージを受けることはない。

スイスで行なわれた最新の研究では、温暖化が進むと樹木の中の糖分が通常より早く飽和状態になるという逆の現象が指摘されている。スイス連邦工科大学チューリッヒ校の研究者たちは、気候変動の影響で広葉樹が活動を変え、予定より早く葉を落とすことを確認した。それまで研究者たちは、気候変動と秋の温暖化にともない、落葉が二～三週間遅れると予測していたが、デボラ・ザニ博士の研究チームの調査では真逆の結果が出た。さらに同研究チームは、今後数十年のあいだに秋の落葉が三～六日早まると予測している。地球温暖化の影響で春の萌芽が約二週間前倒しになり、それにともない葉の老化が早まっているせいだという。

葉の老化が早まるなんてことがあるだろうか？　それはありえない。なぜなら北斜面のブナ林で確認したように、日照りが続いた夏のあとは多くの木が落葉を遅らせるからだ。水不足が続くと、木は糖分を十分生成できないため、一〇月になってもお腹を空かせている。木が紅葉を遅らせるのは当然だろう。樹木がそうした戦略をとると、落葉は一〇月末ごろか、多くの場合、一一月初旬にまでずれこむ。したがって、木の葉は数週間の延長戦に問題なく耐えられるほどの若さは維持しているはずである。

スイス連邦工科大学の研究結果の中には、紅葉の前倒しの理由をより明らかにしていると思われる別の指摘がある。ザニ博士の研究チームは、土壌の養分吸収を抑制するために、二酸化炭素の取りこみが抑えられ、紅葉が早まると説明している。[27] この説明を私流に解釈するとこうなる。春に通常より二週間早く活動しはじめた木が、シーズンの終わりに栄養補給を早めに停止するのは当然だろう。光合成によりつくり出された糖分は貯蔵組織に蓄えられるが、それはある時点で満杯になる。木は人間のように脂肪の層をつくって太ることができないので、お腹がいっぱいになったら、食べるのをやめるしかない。光合成を止めるには葉の裏側の気孔を閉じるだけでいい。そうした状態でしばらく冬眠を待つ必要などあるだろうか？　したがって、木は生い茂った葉を通常より数日早く落とすようになる。とはいえ、この現象は夏に干ばつがない場合にしか当てはまらない。

落葉の話はまだ続く。二〇二〇年八月、猛暑の最中に、森林アカデミーが管理するブナの保護林の一つに足を踏み入れたとき、私は別の変化に気づいた。なんと、地面に去年の秋に落ちた枯葉がまだ厚く積もっていたのだ。枯葉のことなど以前はあまり気にしていなかったが、干ばつが続いて土壌が乾燥し、定期的に土壌の水分を確認するようになってから、この変化に気づいた。

森であれ、家の庭であれ、土壌の水分は誰でも確認できる。まず枯葉を押しのけて、その下にある土を親指と人差し指でつまむ。指で押して平らになるなら、まだ土の中に十分な水分がある証拠だ。いっぽう、土が指のあいだでバラバラになるなら、土は乾燥しすぎている。

腐らずに残っている枯葉が多いのはなぜだろうと考えていたら、家庭用コンポストのことを思い出した。コンポストの中の野菜くずは十分に湿っていて初めて分解される。水がなければ、菌類も細菌も働けないのだから当然だ。だからこそ、食品乾燥が世界で最も古い保存方法の一つとして利用されている。長期間の干ばつに耐えた枯葉は、乾物のような状態なのだろう。腐らない枯葉は木にとってメリットにも、デメリットにもなる。日照りのときには、枯葉でできた厚い層が土壌を乾燥から守ってくれるが、雨が降ったときは、雨水が土壌に到達するのを妨げてしまう。なぜなら雨水はすべての枯葉を濡らしてからでないと、土壌に浸透できないからだ。

しかし、樹木にとって冬季のあいだに必要なものは、雨だけではない。寒さも必要だ。寒くならないと、木は春にうまく芽吹くことができなくなり、ただでさえお腹を空かせている初春にさらなるダメージを受けてしまうからだ。

早起きの木と寝坊の木

秋の森を散策して、もち帰ったドングリを鉢に植えて窓辺で育てた。そんな経験をもつ人がいるかもしれない。残念ながら、木は家の中では長生きできない。なぜならリビングルームに冬はやって来ないからだ。動物と同じように、木も冬がやって来ると冬眠しなければならない。眠るためには、日照時間の短縮と寒さが必要になる。冬眠しなければ、木は早死にする。鉢植えの木であっても屋外で育つ場合のみ長生きできる。

とはいえ現在では、野外の気温もどんどん上昇している。冬の始まりは遅く、終わりは早くなりつづけている。それなら、木の冬眠時間が短くなって当然ではないだろうか？　なにしろ最近では、四月でも夏のような暑さになることがあるのだから。ドイツには「五月が来た、木が芽吹いた」という歌詞から始まる有名な童謡があるが、もうそろそろ「五月」の部分を書きかえなくてはならないだろう。なぜなら鮮やかな緑色をした新芽は、最近ではそれよりも数週間早く枝から顔を出すからだ。ドイツ気象局によると、秋の気温が上昇しているせいで、植物の休眠期がこの数十年で約二週間短くなっているという。[28]

残念ながら、当初の予測とは違い、温暖化は樹木にとってはメリットにはならない。確かに樹木は、四月には入るとすぐに光合成を行なえるため、以前よりも早く空腹を満たせるようになった。しかし、その時期は気候変動に関係なく、危険な季節現象が起こりやすい。その現象とは「遅霜（おそじも）」だ。遅霜は定期的に起こる。初春から五月中旬までの期間、晴れた夜に温度がいきなり氷点下まで下がって霜が降りる。最近では、二〇二〇年に起こった。遅霜が降りると、開いたばかりの若葉の大部分が凍死して木の健康が著しく損なわれてしまう。そうなると、木は養分の蓄えを総動員してふたたび芽を出さなければならなくなる。そうした時期に病気にかかると、菌類や細菌に対する免疫力が低下しているため、治癒が難しい。

また、暖冬であればあるほど、早期萌芽の危険性も高まる。ここ数年の一月の気温は高い。あまりにも気温が高いため、スペインからツルが帰ってきたこともあるほどだ。二月に入ると冬が再度本格化したため、ツルはふたたびスペインへ戻っていった。もちろん、そんな移動は根の生えた木にはできない。したがって、樹木が掲げるモットーは「我慢して待つ」である。たとえば、ブナは気温が上がって春が来ても、昼の長さが一三時間以上になるまで待つ。その日が来て初めて、若葉の形成を始める。樹木にとっては、冬眠後の空腹より、遅霜への恐怖のほうが大きいのだろう。ドイツでは、昼がその長さになる日は四月二三日ごろとされている。[29]春に森を散策する際は、ぜひ、森の中のブナがそのスケジュールに沿って芽吹いているか確認していただきたい。

ここで、話を「寒さ」に戻そう。樹木は適度な寒さの刺激がなければ、秋と春のあいだに冬があったことが、あるいは、秋が終わって半年が経過してふたたび春が来たことがわからない。人間も暗闇の中で目が覚めた場合、時計を見なければ何時なのか、起きるべきか、寝つづけるべきかわからない。それはきっと木も同じなのだろう。

ブナやカエデの場合、気温が四度以下にならないと、春先に正しく新芽を出すことができない。寒さの刺激が足りないと、木は冬眠からきちんと目覚められず、真冬が来るのを待ちつづけることになる。最悪の場合には、一部の枝の芽がまったく開かないこともある。[30] つまり、暖冬は、萌芽が早まるという一般的なイメージとは真逆のことをもたらしうる。

樹木は、冬の寒さに影響をあたえることはできないが、夏の気温は変えることができる。ブナやオークなどの木にとって猛暑と干ばつは決して好ましいものではない。木は暖かい季節でも、気温が低めの天候を好む。ときどき太陽が顔を出し、それ以外は雨が多く、気温は二五度を超えない。そんな夏が木にとっては理想である。人間は（少なくとも三日以上先の）天気をなんとか予測しているが、木は予測など立てない。「天気予報なんて必要ない。天気は自分でつくるものの！」というのが、木の世界では常識だからだ。とはいえ、一本の木の力だけでは天気を変えることはできない。森の中のすべての木が協力しなければ、それは実現しない。私は「ハイリゲ・ハレン」で、樹木の協力関係を研究している専門家に会い、その仕組みを知った。

森のエアコン

映画『樹木たちの知られざる生活』の撮影が、木と気候変動に関する最大の気づきを私にもたらしてくれた。映画の撮影中、撮影スタッフと私はハイリゲ・ハレンでエバースヴァルデ持続可能開発大学のピエール・イービッシュ教授に会った。以前、私が管理していたアイフェル地方の森で彼と会ったことがあり、その人柄のよさはすでに知っていた。ドイツ語で「聖なるドーム」を意味するハイリゲ・ハレンは建物ではなく、ドイツ最古のブナ林である。樹齢三〇〇年以上のブナが何本もあるその森では、いくつかの例外を除いて約一五〇年間、一度も伐採が行なわれていない。森の中は現在の中央ヨーロッパの森では珍しい原生林の雰囲気に包まれている。倒れた巨木は朽ち果て、キノコのような芳香を放ち、樹冠の下の薄暗さの中では大量の若木が非常にゆっくりと成長している。おそらく、昔の中央・西ヨーロッパの森はこんな感じだったのだろう。

ハイリゲ・ハレンの中を歩いたイービッシュ教授と私と撮影スタッフは、いたるところで小さな奇跡に遭遇した。たとえば、ある場所には、幹が途中から折れてしまった巨大なブナがあった。

折れた箇所は先のとがった樹皮だけが残っていた。巨大な爪楊枝にも見える、高さ四メートルのその幹の上には、なんと、若葉をたたえた新しい樹冠ができていた。その若葉の中で生成された糖分のおかげで、古い木と古い根は生き延びていたのだ。

また別の場所には、細長い土の塊にしか見えない、腐った幹があった。数週間雨が降っていないせいで土壌は砂埃が舞うほど乾いていた。それにもかかわらず、その枯木の表面はとても湿っていた。イービッシュ教授は私に枯木を手で触るよう指示した。すると、ボロボロになった幹がスポンジのようになっているのがわかった。手で押すと水が出てきた。そのようにして最古の小さなブナ林は水を蓄えていたのだ。日照りの冬が何年も続く中、豊かな水をたたえた枯木は小さな奇跡に見えた。

とはいえ、私が最大の気づきを得たのは、ハイリゲ・ハレンの入り口で最初に行なわれたミーティングの最中だった。その引き金になったのは、イービッシュ教授が木のテーブルの上に広げて見せた地図だった。それらはベルリンとベルリン近郊のさまざまな場所の地図で、それぞれ二種類あった。一つ目の地図では、草地と畑と森と湖と集落がふつうの地形図のように色分けされていた。二つ目の地図では、同じ場所が七色で表示されていた。イービッシュ教授の説明によると、後者は温度分布図であり、「青＝寒い、赤＝暑い」の一般的な基準に従い、青、緑、黄、オレンジ、赤の順で土地の温度が示されているという。

その温度分布図は、一五年間の衛星観測結果をもとに作成されたものだった。人工衛星が地上をよく見渡せる、六月と七月と八月の雲のない日に調査は行なわれた。その結果、合計四七〇日分のデータが収集された。

人工衛星は、正午前後にベルリン上空を飛行するたびに、地表の温度を測定した。測定は二〇一七年に完了したため、それ以降に起こった記録的な猛暑時のデータはない。それでも、その結果は衝撃的だった。なぜならそれは、ヨーロッパを襲った熱波の原因が気候変動だけではなく、天然林の破壊とそれにともなう人工林や農地や居住地の増加であることを示していたからだ。

温度分布図上では、ベルリンが濃い赤色に、その周辺の湖が濃い青色に染まっていた。一五年間の衛星観測結果を見ると、夏の平均気温が、湖や川の水面では一九度以下にとどまるいっぽうで、ベルリン市内では約三三度にも達している。アスファルトやコンクリートは水に比べて熱をもちやすく、熱の温度も上昇しやすいため、その結果は当然といえば当然だった。とはいえ、都市と田舎の違いを見つけることがその衛星観測の目的ではなかった。本当の目的は、夏のベルリン周辺の森の状態を確認することだった。温度分布図上では、森と湖は同系色であるため区別しにくい。ところが、よく見ると、天然の広葉樹林も湖と同じぐらい温度が低いことがわかる。つまり、ブナやナラなどの広葉樹は、水と似たような性質をもっているのだ！　ベルリンのような大都市と天然林の温度差は約一五度。森には土地の温度をそれほどまで下げる働きがある。

草地や畑のような植物がある場所でさえ、天然の森に比べると、温度は約一〇度高い。とりわけ私を驚かせたのは、マツの人工林の結果だった。それは単一樹種しか植えられていない人工林が、天然林の代わりにはならないことを示していた。なんと、マツの人工林の温度は、天然の広葉樹林に比べて最大で八度も高かったのだ。ちなみに、針葉樹林は秋に落葉する広葉樹林に比べて雨水が樹冠にとどまりやすく、土壌も乾燥しやすい。

絶滅危機にさらされた小さな森であっても、地域の気候に影響をあたえることができる。それをハムバッハの森が示してくれた。その森はエネルギー転換のシンボルと呼ばれ、ドイツで最も有名な森の一つだ。露天掘りの石炭鉱山のすぐ側にあるせいで、掘削機により掘り起こされ、あと数メートル掘削が進めば、その終わりは確実だといわれていた。約四〇平方キロメートルあった森のうち、残っていたのはわずか二平方キロメートル。その後、環境保護運動や活動家の抗議が増えたため、ミュンスター上級行政裁判所により暫定的な差し止め命令が出された。最終的には、連邦政府と各州が合意して森の残りの部分の伐採が中止された[31]。

果たしてハムバッハの森は救えるだろうか？　その足元には深さ三〇〇メートルを超える巨大な採掘場が広がっている。夏になると、そこから熱い風が吹き出して強烈な熱気流が発生する。すると、高齢の広葉樹が苦労してつくり出した湿った冷気は、すぐに森から奪われてしまう。また、採掘場の上を縦横無尽に吹き荒れる暴風は、森の端にある木々を押し倒して徐々に森林面積を減らしている。しかも、その森の近くには、湿った冷気を出して温度を下げてくれるような他の森はない。つまり、孤立したハムバッハの森は、夏日には鉱山の採掘場と同じような暑さの中で耐えることを余儀なくされている。

ハムバッハの森に再生のチャンスはあるだろうか？　この疑問に答えるために、国際環境保護団体グリーンピースは、ピエール・イービッシュ教授率いる研究チームに現地の気候に関する調査を依頼した。[32] 調査の方法は前述の調査と同じで、人工衛星から地表の温度を測定して地図上に色で示すというものだった。それに加えて、生態学的な調査も行なわれた。その結果、二〇一八年の猛暑の最中に、森と採掘場の温度差は最大で二〇度もあることがわかった！ そうした小さくて不完全な森ですら、冷気を出すために努力を惜しまないというのは尊敬に値するだろう。

残念ながら、ハムバッハの古木の未来はまだバラ色とはいえない。掘削機は相変わらず森に接近し、森の端の木は暑さで枯れつづけている。まるで巨大なドライヤーで乾かされているかのように、森の周囲の冷気は吹き飛ばされ、森は大量の水分を失っている。つまり、ハムバッハの森は常に乾燥機に入れられているような状態なのだ。

通常、成熟したブナは、葉の裏にある気孔から一日当たり五〇〇リットルの水を大気中に蒸発させている。鉱山の側にはそんな大量の水がないことを考えると、問題の深刻さはより明確になる。皮肉なことに、露天掘りの採掘場は、地下水がある地層よりも深く掘られているため、水が溜まるのを防ぐためにポンプで常に排水が行なわれて乾燥状態が保たれている。

したがって、専門家はハムバッハの森の周りに救済措置的に若木を植えて、緑の緩衝地帯をつくり、老齢の森を守ることをすすめている。若木が周囲の温度を少なからず下げて湿気をもたらし、森のストレスを軽減してくれる可能性があるからだ。

都市の住宅地の周りにも、そうした緑の緩衝地帯を設けるのがいいだろう。その効果については、国際環境保護団体グリーンピースが撮影した写真が示している。[33] グリーンピースのメンバーたちは赤外線カメラをつかい、私が住む「森の家」から車で一時間の距離にある大都市ケルンの写真を撮影した。するとそこでもベルリンやハムバッハの森と同じような結果が出た。夏に撮影された写真の中では、建物とアスファルトは赤色に染まっていた。いっぽう、公園の木々は湖のように深い青色をしており、気温が低いことを示していた。しかも、公園の木の側は、他の場所に比べて気温が最大で二〇度も低かった。この結果は、都市の緑化を推奨する根拠になるだろう。

森は、私たちに涼しさだけでなく、別のものももたらしてくれる。それは雨だ。これについては次章で詳しく説明しよう。しかしその前に、自然の冷蔵庫を鋸で切ることしか考えてこなかった連邦と州の森林行政機関の未来に希望の光が差したことをお伝えしておくべきだろう。ラインラント＝プファルツ州の前環境大臣ウルリケ・ヘフケンが、二〇二一年末までブナの老齢林での伐採を一時禁止することを発表したのである。(34)

中国に降る雨

森林は一部の地域だけでなく、大陸全体の気候にも影響を及ぼしている。森には蒸散作用により気温を下げる働きがあるが、そのことからもわかるとおり、森が気候を調整する際になくてはならないものが水である。じつは、川や海の水も森から影響を受けている。

木が気候を調整するために、まずすることは、地下水として貯蓄される雨水の量を減らすことである。森に降り注いだ雨水は、一部は樹冠にとどまるが、大部分は木によってエネルギーの生産と蒸散による大気冷却のためにつかわれる。通常、木は一年間に一平方メートル当たり最大で約七〇〇リットルの水を消費する。[35] ちなみに、ドイツで最も降水量が少ないマクデブルク市周辺では、毎年一平方メートル当たり五〇〇リットルほどしか雨が降らない。したがって、そうした地域にある森は、個々の木が水の消費を抑えて成長を遅らせることでしか生き延びられない。

水を大量消費する森林は環境の破壊者なのだろうか？　いや、そうではない。蒸散により大気中に放出された水蒸気は消えてしまうわけではないからだ。水蒸気は気流にのって他の地域へと流され、そこで「リサイクル」される。水蒸気が含まれているその気流は大気中の川と呼んでいい。ふつうの川よりもはるかに水は少ないが、流れていることに変わりはないからだ。その川の流れについては、中国に降る雨がどこから来るのかを調べたロシアの研究で明らかにされている。これを読んだあなたは「奇妙な研究だ」と思ったかもしれない。というのも、雨は最も近い海からやって来るというのが一般的な見方だからだ。それに従えば、海から蒸発した水は雲になり、風の力を借りて大陸へと運ばれ、そこで雨を降らせる。そして、その雨水は重力に従って川を下り、ふたたび海へと戻って「リサイクル」される。したがって、蒸発したり、海へ流されたりして陸地から失われた水の量と同量の雨が降ることが、植物にとっては最も望ましいと考えられている（そうでないと、土壌は干上がって砂漠化してしまう、というわけだ）。

　ロシアのアナスタシア・マカリエヴァ博士とヴィクトル・ゴルシュコフ博士は、そうした水のサイクルが場所により異なることを発見した[36]。両博士によると、通常、降水量は、海から遠く離れた地域であればあるほど減少するという。そのため、海でできた雨雲が、そこから数百キロメートルしか離れていない場所ですべての雨を降らせてしまうと、内陸部では降水量が減って植物が成長できなくなってしまう。ただし、それは森がない場合に限られる。巨大な森があれば、そうはならない。森は大量の湿った空気を内陸部へと送りこんでいる。両博士の言葉を借りるなら、「自然界のポンプ」の役割を果たしている。したがって、海から何千キロメートルも離れた場所であっても、大きな天然林さえあれば、降水量は安定するのだ。

　では、ここで森のポンプの仕組みをイメージしてみよう。森の樹木は大量の水を葉から蒸発させている。森林一平方メートル当たりの樹冠の葉の面積は約二七平方メートル。すべての葉の裏には、気孔と呼ばれる無数の小さな口があり、そこから水蒸気が大気中に放出されている。たとえば、ブナの古木は夏の暑い日には約五〇〇リットルの水を蒸発させて[37]、森を冷やしている。そのため、水蒸気の放出が活発に行なわれている広大な森林地帯では上昇気流が起こり、低気圧が発生しやすくなる。低気圧が発生した場所は、気圧が低いせいで空気が流れこみやすい。したがって、森林地帯は海から離れていても、海の新鮮な空気を引き寄せる力がある。湿った海の空気は森の上空へと流れこみ、冷えると雨を降らせる。マカリエヴァ博士とゴルシュコフ博士によると、海から来る雨雲がもたらす雨量は、森の木が蒸散により失う水分量よりも多いという。

つまり、樹木は蒸散することでより多くの水を得ているわけだ。ただし、シベリアの森だけはそれができないという。そこでは、樹木は夏しか活発な蒸散を行なわない。冬はすべてが凍りつき、木々は冬眠し、「木のウォーターポンプ」は停止してしまう[38]。

いっぽう、木が大量に伐採されて森が草地や農地に変わってしまうと、降水量は最大で九〇パーセントも減少する。それを疑う人はいないだろう。なぜなら、実際にそれは起こっているのだから。たとえば南米のアマゾンでは、二〇〇〇年以降、干ばつが頻発している。それは過剰な森林伐採により沿岸部の熱帯雨林が消滅し、アマゾン全体が縮小していることと関係しているにちがいない。海岸沿いのウォーターポンプを破壊すれば、内陸部の雨量が減って当然だろう。ドイツでは、天然林の大気冷却能力と降水量の増加についての研究が行なわれているが、その結果もアマゾンのこの仮説を裏づけている。

じつは、森林のウォーターポンプ機能を証明する強力な証拠は他にもある。オランダのデルフト工科大学のルード・ファン・デル・アント博士率いる研究チームは、自然界の水の循環システムについての研究を行なった[39]。研究チームがまず注目したのは、蒸発した水はいつかは雨となって落ちてくるという単純な事実だった。ファン・デル・アント博士によると、単純明快なこの原理が、水文学〔地球上の水循環を主な対象とする地球科学の一分野〕の分野ではこれまでほとんど考慮されてこなかったという。水文学では、樹木から蒸散された水は、水の循環システムから消え、新しい水は単に外からやって来るという考え方が主流だった。しかし、生態系の中で大規模な水の受け渡しが行なわれているという事実は明らかであるだけでなく、森の呼吸機能を理解するうえで非常に重要なポイントだろう。人間は原材料を消費するばかりだが、自然界では人間社会よりはるかに効率的で大規模なリサイクルが行なわれている。森林が何度か水を蒸散させて一度雨を降らせると、その雨水は自然界では最大で一〇回再利用されることになる——ただし、これは人間が大規模な森林伐採を行なわないかぎり実現する。

ロシアとオランダの研究結果を読むと、森林が地球の水の循環システムの中で重要な役割を果たしていることがわかる。森は、海から大陸へと雲を運ぶ風の流れ〔低気圧の発生〕に影響をあたえるだけでなく、常に空気中の湿度を引き上げている。それを知らずに、気候変動に関心をよせる森林管理官の多くは、木の役割は生きたまま、あるいは、理想的には死んだ状態で炭素〔原文は「二酸化炭素」になっているが、あえて「炭素」と書き換えている。樹木は二酸化炭素を吸収し、それを炭素の形で体内に貯蔵する（蓄える）ため、この先、動詞が「貯蔵」や「蓄える」である場合、

「二酸化炭素」を「炭素」に書き換える。なお、二酸化炭素量や炭素量といった数量（数値）に話が及んでいる場合は、「二酸化炭素に換算すると」などの表現を補うことで、書き換えを避けている」を貯蔵することだと考えている。炭素を貯蔵することだけが木の役割であるなら、家や家具を木でつくることは環境保護に貢献しているといえるだろう。なぜなら木材は、森の枯木のように細菌や菌類によって分解されて、貯蔵した炭素を放出したりしないからだ。悲しいかな、呼吸する森林は、いまや、炭素の貯蔵庫に格下げされ、雨量と気温を調整するという素晴らしい機能は評価されないまま今日に至っている。木が気候にあたえる影響が広く知られようになれば、森林保護は木材利用よりも優先され、板や紙の製造は大幅に制限されるようになるだろう。

水は人間にとって重要な資源である。残念ながら、そのせいで世界の乾燥地域では、複数の国が一つの川の水を取り合って紛争が起きている。ナイル川流域がそのいい例だ。エジプトは飲み水の九五パーセントをナイル川から調達し、その水に完全に依存している。ナイル川がなければ、肥沃な土地も生まれず、農業も不可能だっただろう。いっぽう、ナイル川上流に位置するエチオピアは、ダムを建設し、そこで発電を行なう計画を進めている。しかし、発電をするためには何年もかけてダムに水をためなければならず、そうなると、下流に位置するエジプトとスーダンが水不足に陥るおそれがある。これまでのところ、複数の国や国際機関が仲裁に入り、紛争は免れている。[40]

森が気流をコントロールして雨を降らせていることが広く知られると、森をめぐって国際紛争が起こるかもしれない。ナイル川の場合、ダムのゲートを開いて下流域の国々へふたたび十分な水を送れば、問題は解決するだろう。しかし、森林の場合はそうはいかない。大規模な皆伐により一度失われた森は、簡単には再生できない。伐採した場所にふたたび木を植えたとしても、森が元の機能を取り戻すまでには数十年かかるだろう。とはいえ、現在、ブラジルでは大規模な植林が行なわれている。沿岸部の熱帯雨林の再生が目的であるが、まだ部分的にしか進んでいない。通常、熱帯地域の木の成長は早い。それでも森林再生にはどのくらいの時間がかかるのか、また、森がふたたび機能を取り戻すかどうかは誰にもわかっていない。

森林が気温と自然界の水の循環に影響をあたえているという事実が、今後広く知られるようになることを私は願っている。アレクサンダー・フォン・フンボルト〔一七六九〜一八五九年、ドイツの博物学者、探検家、地理学者〕はすでに一八三一年に森の機能の重要性を説いている。フンボルトは『アジアの地質学と気候学の断片（Fragmenten einer Geologie und Klimatologie Asiens）』〔未邦訳〕の中で、「森林の減少または欠如は、気温の上昇と空気の乾燥を招き、その乾燥は水蒸気の流れと草木の力を減少させることにより、地域の気候に悪影響を及ぼす」と述べている。(41)

木々が協力して気温を下げたり、雨を降らせたりすることは、偶然に生まれた森の機能なのだろうか？　森は三億年以上も前から存在している。森の中で木々が協力し合い、警告し合い、根を介して養分を分かち合い、さらには記憶まで共有していることは、すでに知られている〔『樹木たちの知られざる生活』を参照〕。そうした歴史ある巨大な森の共同体が受け身で生きることをやめ、自らの手で（いや、「葉」で）、少なくとも部分的に気候を変化させることに成功したのは当然のように思える。近年続いた干ばつのせいで、多くの木が枯れたことは、森の現状を見れば納得できる。人間は林業により広大な森を分断し、間伐〔森林の成長過程で密集化する立木を間引く作業〕を行ない、不適切な樹種を植林して生態系を変え、完璧に調整された緑の共同体を破壊してきた。枯死した木が私たちにそれを教えてくれている。いまやわずかに残った森林さえも、正常に機能しなくなってしまった。しかし森林破壊を食い止める方法（しかも、うまくいく方法！）はまだある。それについてはあとで説明しよう。

森の木々は協力し合って地域の気候を調整している。それなら、気候以外の分野でも助け合っていると考えていいだろうか？　これについては興味深い最新の研究結果があるので、次章で紹介する。

思いやりと距離間

「親木」という言葉は、昔から林業でつかわれている。何世紀も前から、木の親も人間の親と同じぐらい子どもにとって大切であると認識されていたからだろう。『樹木たちの知られざる生活』を読んだ人なら覚えているかもしれないが、親木は根をつかって自分の子どもを見つけると、自分の根を幼木の根とつなげて、そこから糖液を送り、成長をサポートする。子どもを見つけると、自分の根を幼木の根とつなげて、そこから糖液を送り、成長をサポートする。これは、人間が母乳で子供を育てるのに似ている。また、幼木は親木の陰で育つが、これは親木が幼木の成長をコントロールするためである。幼木は日光を大量に浴びると、あっという間に成長して太い幹をつくり、一〇〇～二〇〇年足らずで枯れてしまう。それとは反対に日陰で育つと、数十年、数百年かけてゆっくりと成長し、高齢まで生きられる。太陽を浴びる時間が短いと、糖分の生成が大幅に減って成長のスピードが遅くなるからだ。つまり、多くの森林管理官が何世代にもわたって見てきたように、親木が幼木の成長を抑制するのは偶然ではなく、必然である。親木が幼木の上に落とす影は、いまでも森林管理官のあいだでは「子育ての影」と呼ばれている。

じつは、樹木は成長したあとも仲間と糖液を分け合い、助け合って生きている。病気で弱ったときも、仲間の助けを借りれば健康を取り戻すことができる。健康であれば、大気冷却能力を発揮して森の気温調整にも貢献できるため、結果的にそれが仲間への恩返しになる。したがって、気候変動が加速する現代では、人間が樹木間のネットワークを破壊しないことが重要になる。枯木すら、伐採せずにそのままにしておかなくてはならない（なぜなら枯木のほとんどは、病気を患っているだけで、本当は死んではいないからだ）。

どうやら木は、私たちが考えている以上に多くのことを、仲間と助け合いながら乗り越えているらしい。アーヘン工科大学の学生が、私が管理する森で調査を行なったところ、ブナの天然林では、個々の木の能力差がほとんどないことがわかった。特に、光合成の能力に関しては、高低差が見られず、バランスが取れていた。いっぽう、伐採が頻繁に行なわれているブナの人工林では、木がエゴイストに成長していた。個々の木の光合成能力の差も著しかった。

これは、当然といえば当然かもしれない。なぜなら、伐採や間伐が行なわれた森の木は、根も葉も隣の木と接触する機会がないからだ。エゴイストだから助け合わないというより、木と木の間隔が大きすぎて助け合えないといったほうが正しいだろう。人工林の木はエゴイストではなく、誰の助けも借りずに生きてゆかなければならない孤高の戦士なのかもしれない。

植物が仲間に対してどのような配慮をしているかを調べた、シロイヌナズナを対象とした研究がある。シロイヌナズナは、植物科学の研究で最もよく用いられる植物である。シャーレの中で栽培でき、ライフサイクルが短く、種子の生産量も多い。そのため、遺伝学的な調査も進んでいる。また、背丈が三〇センチと比較的小さいため、三〇メートルを超える樹木に比べて実験の対象にされやすい。いわば、植物研究の中の実験用マウスである。[42]

アルゼンチンの首都ブエノスアイレスで研究を続けているマリア・A・クレピー博士とホルヘ・J・カザル博士は、シロイヌナズナを研究室で育てた。その際、両博士は、植物が互いに配慮し合っていること、つまり、仲間同士で葉の向きを調整し合っていることを発見した。植物は近接して立っていると、隣の植物の葉に影を落としてしまう。すると、陰になった植物は光合成がしにくくなり、お腹を空かせてしまう。隣の植物が弱ることは、常に光を求めて戦っている植物にとっては有利になるにちがいない。しかし、両博士の研究結果を見ると、そうではないことがわかる。実験の対象にされたシロイヌナズナは、隣のシロイヌナズナが家族の一員だと認識すると、別の選択をした。家族の光合成が妨げられないよう、葉の向きを変えたのだ。

これはおかしな現象だろうか？　いや、家族を大切にするという行為が人間だけのものだとしたら、もっとおかしいにちがいない。親族に対する配慮は、自然界によく見られる現象であり、生物にとっても意味がある。特に、コミュニティの強さが個々の生存率を決定する場合、生物は協力関係を築こうとする。哺乳類は家族や群れを、鳥類は（カラスのように）一生を共にするペアを、単細胞生物である粘菌は子実体（菌類の菌糸が密に集合してできた塊。大形のものをキノコという）を形成する。

しかし、どうやってシロイヌナズナは隣の植物が家族だとわかったのだろうか？　森の中でネットワークを形成している樹木と同じで、根を介してそれを知ったと考えるのが適切だろう。樹木が根を介して自分の子どもを認識したり、仲間と栄養分を補給し合ったり、メッセージを交換したりしていることは、すでに一九九〇年代から知られている。そこで、クレピー博士とカザル博士は、シロイヌナズナをより厳しい条件下に置くことにした。二株のシロイヌナズナを別々の鉢に入れて、根が接触できないようにしたのだ。そのうえで鉢同士を近づけ、葉が互いに重なり合い、陰ができる状況をつくった。すると、興味深いことが起こった。二株のシロイヌナズナは、家族関係にある場合、葉を互いに遠ざけた。さらに、研究を進めると、シロイヌナズナは赤と青の可視光線の特殊な割合を認識することで、どの植物が自分の家族の一員であるかを見分けていることがわかった。両博士は、それを再確認するために、光受容体をもたない変異したシロイヌナズナを用いて再度実験を行なった。すると、それらのシロイヌナズナは家族を認識できないため互いに配慮しなかった。

ちなみに、シロイヌナズナはゆっくりとしか活動できないので、葉の向きを変えるまでには数日かかる。葉の向きを変えおわると、隣の家族に前より多くの光が差すようになっている。とはいえ、そのような配慮が個々の植物にどのようなメリットをもたらすのだろうか？　葉が最適の位置にあったにもかかわらず、家族に配慮して葉の位置を変えてしまうと、今度は自分の葉が陰に隠れてしまうことになる。ところが、隣の家族も同じように配慮して、葉の向きを変えるとどうなるだろうか。下の葉にまで日が当たるようになり、結果的に、前よりも多くの光が葉に当たることになる。つまり「より多くの光＝より多くのエネルギー＝健康」という図式ができ上がる。

クレピー博士とカザル博士によると、家族と一緒に成長しているシロイヌナズナは、そうでないシロイヌナズナに比べて、種の生産量が多く、生命力も強いという。[43]

樹木も、シロイヌナズナと同じように、自分の葉と家族の葉が重ならないよう配慮しているのだろうか？　これについてはまだ解明されていないが、一〇〇年前から、森では「内気な樹冠」を意味する「クラウン・シャイネス」（木々の葉が互いに譲り合う現象）と呼ばれる現象が確認されている。夏の日に広葉樹林に入り、樹冠を見上げると、ときに、個々の木の枝葉の周りに五〇センチメートルほどの空間ができていることに気づく。その空間をあえて枝葉で埋めようとする木はいないらしい。空からそんな森を見下ろすと、樹木のあいだに「思いやり」のネットワークが張り巡らされているかのような印象を受ける。

とはいえ、これを本当に「思いやり」と呼んでいいのだろうか？　単なる風の影響だとする研究者も多くいる。彼らの仮説によると、樹冠が風に揺れると、いちばん外側の枝が隣の木の枝と衝突するため、木は衝突を避けるために自分の枝葉の周りに空間をつくるようになるという。[44]そう考えると、これは配慮や「思いやり」とは関係のない、純粋に機械的な現象ということになる。しかし、この仮説は、私が森を散歩するたびに見てきたものと矛盾する。枝葉がぶつかり合ったり、触れ合ったり、隣の木の樹冠に入りこんだりするなんてことは、森の中では日常茶飯事だ。風や嵐はどこでも起こるため、枝葉の摩擦（いたるところで枝が落ちる）は、すべての森で例外なく見られる。それに比べて「クラウン・シャイネス」は、探さないと見つけられない稀有な現象である。

「クラウン・シャイネス」が、シロイヌナズナの実験で確認されたような家族間の配慮であるなら、樹木がいつでも隣の木に配慮するわけではない理由が見えてくる。ほとんどの森では植林が行なわれている。植林につかわれる苗木は、苗床で人工的に育てられるため、さまざまな家族のものが混ざっている。したがって、それらの苗木を森に植えれば、隣り合う木は赤の他人でしかない。つまり「クラウン・シャイネス」は、ブナ科の一家族が何世紀にもわたって大規模な群生を形成しているような原生林でしか遭遇することができない珍しい現象なのだ。原生林の「クラウン・シャイネス」に関する研究を私は知らないが、二〇二一年の夏にルーマニアのブナの原生林を訪れる際は、ぜひ「クラウン・シャイネス」についても注目してみたい。私は新聞社やラジオ局の協力のもと、地元の自然保護活動家の活動をサポートする予定だが、まったく手つかずの原生林の中を歩く機会もあり、いまから楽しみにしている。

ここで、生物学者のロザ・D・ビラス博士率いる研究チームが、科学誌に掲載した総説論文の中の素晴らしい文章を紹介しよう。「今回の研究では、植物は自然環境の中で単なる受動的な役割を果たしているにすぎないという考えを否定する新たなデータが得られた。植物が五億年ものあいだ、地球上のあらゆる場所で繁殖してきたにもかかわらず、自分以外の植物（仲間であれ、隣に生える植物であれ、敵であれ）を認識し、それに対して何の反応も示さなかったとは考えがたい」[45]

木は森の中で社会を形成しているが、そこに属するのは木だけではない。森には、人間がこれまで注目してこなかった非常に小さな生物が棲んでいる。じつは、それらの生物も森の共同体の中で重要な役割を果たしている。次に私が紹介する事実は、それらの生物についてのあなたの考えを変えることになるだろう。

細菌――過小評価されている万能選手

意見を異にする人との議論は楽しいものだ。だからこそ、息子のトビアス（森林アカデミーのマネージング・ディレクター）と私は、最大の宿敵の一人をヴェルスホーフェン村へ招待した。議論はすぐに白熱し、最終的には森の生物多様性の問題にまで話が及んだ。メディアの目を避けて私たちのもとにやって来た大学教授の林学者は、伝統的な林業の熱心な支持者でもあった。彼は間伐が森の健康を促進すると本気で考えていた。木を伐採することで森に光が入り、森の温度が上がれば、生物多様性が大幅に向上する、と。そのような意見を聞くたびに、私は笑いそうになる。生物種が増加したかどうかを確認するためには、あらかじめ森の生物種の数を数えておかなくてはならない。それができるなら、樹木の伐採後に生物種の数を再度数え、以前よりも増えたか減ったかを数学的に判断すればいい。しかし、ドイツの森の生物種の数を数えられた人は一人もいない。それこそが問題なのだ。

とはいえ、土壌の中に生息する生物種の数についてだけは、フォートコリンズにあるコロラド州立大学のケリー・ラミレス博士率いる研究チームのおかげで、暫定的な数値が出ている。研究チームは、ニューヨークのセントラルパークで約六〇〇カ所の土壌サンプルを採取し、その中に含まれる遺伝子を分析した。その結果、一六万七一六九種の生物が発見された。それらはすべて細菌種に分類される微生物であり、なんと、そのうちの約一五万種は新種だった！[46]

私は研究者に会うと、「地球上のすべての生物種のうち何パーセントが未発見の種だと思いますか」と聞くようにしている。ほとんどの研究者が「約八五パーセント」と答えた。つまり、ドイツでは、全生物種のうち約一五パーセントしかまだ発見されていないということになる。おそらく、どの国でもほとんどの研究者が似たような回答をするだろう。

ここで、先ほどの大学教授との議論に話を戻そう。私は彼にも未発見の種についての質問を投げかけてみた。すると、「ああ、細菌や菌類のことですね！」と鼻で笑われてしまった。教授にとって微生物は研究の対象になるどころか、言及する価値もない生きものなのだろう。しかし、細菌や菌類についての知識をもたない人間が、生態系への介入、つまり、間伐や伐採について包括的に評価することなど不可能だ。ましてや、生物多様性の研究など言語道断である。

アメリカのローランド・ロドリゲス博士率いる研究チームは、「微生物についての理解が、これほど重要であるにもかかわらずいまだ浸透していないということは、『発見の時代』がまだ始まったばかりである証拠だ」と述べている。[47]

やはり、微生物は貴重な存在なのだ！　その重要性は私たち自身の身体が教えてくれる。人間の身体の中には、少なくとも細胞と同じぐらい多くの細菌が存在している。したがって、細菌は、血液細胞や感覚細胞と同じように人間の身体の一部である。最近の研究では、細菌がどれほど人間に影響をあたえるかが明らかにされている。たとえば、腸内細菌は、脳内の神経伝達物質をつくり出している。これを聞いただけで、細菌が私たちの生活で重要な役割を果たしていることがわかるだろう。それだけでなく、腸内細菌は不安や抑うつを引き起こして人間の行動にも影響をあたえている。[48] キールのクリスティアン＝アルブレヒト大学の研究チーム代表であるトーマス・ボッシュ博士は、微生物についての研究をより深いところまで推し進めている。ボッシュ博士によると、人間の神経系は、身体をコントロールするためではなく、身体が体内の微生物とコミュニケーションをとるために生まれた可能性があるという。[49] もしそれが本当なら、「腹で決める」などといった慣用句は科学的な意味をもつことになるだろう。

一人の人間は、何千種もの細菌からなる小さな生態系といっていい。細菌の組み合わせは指紋のように一人ひとり違っている。ある研究によると、人間の手のひらには、一人当たり平均一五〇種類の細菌が存在しているという。しかも、細菌の組み合わせは、左右の手で大きく異なり、左右両方の類似率は約一七パーセント。これが、他人の手との比較になると、一三パーセントにまで下がる。この研究の対象になった被験者の手のひらの上では、計四七四二種類もの細菌が見つかった。これを、脊椎動物の種の多様性と比較してみるとその違いは明らかだ。ヨーロッパに生息する鳥類は七〇〇種に満たない。[50] ということは、人間の手のひらのほうが生物多様性という点では優れていることになる。ちなみに、手のひらの上の小さな生態系は、手を洗っても壊されることはない。手洗いのあとしばらくすると、細菌が急速に繁殖して元どおりになるという。[51]

人間は微生物なしでは生きられないし、微生物も人間なしでは生きられない。科学者はそうした共生関係にある生物を一つの生命体ととらえ、ホロビオント（ホロ＝全体、ビオス＝生命）と名づけた。地球上には多数のホロビオントが生息している。こういうと、まるでＳＦ映画のように聞こえるかもしれない。しかし、人間のような一〇〇兆個もの細胞[52]からなる多細胞生物は、これまでのような個体として認識されるだけでは、多くの場合、科学的意味をなさなくなってしまった。ホロビオントという概念を受け入れると、種の多様性という見方すら非常に不十分に思われる。というのも、同じ生物種の中でも、ホロビオントは非常に多種多彩であるからだ。同じホロビオントは一つとして存在しない。

個々の人間の身体が何千もの微生物種からなる特殊な生態系であるという事実は、多細胞生物すべてに当てはまる可能性が高い。そう考えると、樹木も例外ではないだろう。ホロビオントという概念は、私たちの森林に対する見方や対応の仕方を根本的に変えるだろう。いや、変えるに「ちがいない」。

エバースヴァルデ持続可能開発大学のピエール・イービッシュ教授は、ホロビオントという概念を含む新たな生態学を次のように表現している。「結局のところ、個々の生物種は自らの身体の中で起こる微生物間の相互作用と種の進化を主導する主体ではなく、複雑に構成されたホロビオントであると考えられる。私たちは、森林生態系や生物界全体についてのまったく新しい認識へと至る入り口に立っている。信じられないほど大きな科学的『盲点』が次々と発見されている。しかもそれらは、人間がかつてない規模で徹底的に生態系に介入する時代に、発見されているのだ[53]」

物事の全体が見えなくなったら、すぐに立ち止まり、冷静になって考え直す必要がある。生物学の研究では、新たな発見が増えるにつれて、自然現象の全体像が見えにくくなっている。もっと正確にいうと、最新の研究によって、これまで人間が自然界の全体像を無視してきたことが明らかにされつつある。生物学ではすべての生物は細かに分類され、また、生態系内の役割も生物種ごとに区分けされている。そうしたやり方は、研究の現場では通用しないどころか、問題を生み出している。伝統的な生物学は、自然環境を厳密に調整された機械と見なす、数世紀前の自然観を土台にしている。それに従えば、すべての生物は生まれた瞬間から役割が決まっていて、それを一生かけてこなすのが生物の「自然なあり方」だということになる。しかし、そこでいう「自然なあり方」とは、人間にとっての「自然なあり方」にすぎない。たとえば、人間は無害な昆虫と害虫を区別するが、その区別も人間にとっての利益と損失を土台にしている。結局、人間が世界の中心にあるという考えこそが最大の問題なのだ。人間は万物の王のごとく、機械装置の中で他の生物たちを働かせて、自分たちは何もしないで利益だけを得ている。

それだけではない。人間はその機械の機能を理解するために、機械の中の歯車、つまり、生物を種類ごとに分けた。もちろん、そんなことで自然界は解明できない。なぜなら「種」という考え方には限界があるからだ。そこで、科学者が行きついたのは、歩く生態系、つまり、ホロビオントという考え方である。そもそも人間は一人ひとりがホロビオントとして存在している。しかし、人間の身体に住みつく細菌、いわゆる常在菌については謎が多く、研究はまだ始まったばかりだ。細菌にもさまざまな種類があるが、果たしてそれらを本当に「種」と呼んでいいものか？伝統的な生物学の定義によれば、「種」と呼べるのは、生物が受精や受粉により子孫を残す場合に限られるという。しかし、細菌は受精や受粉などしない。ただ分裂するだけだ。したがって、分裂後に生じた二個の細菌は、両方とも新しい細菌なのか、それとも、母と子なのかすらわからない。しかも、その二個の細菌は遺伝的に非常に異なる場合が多い。人間とチンパンジーのDNAの違いはわずか五パーセントだが、細菌は、同じ「種」であってもDNAは最大で三〇パーセントも違う[54]。なぜ科学は動物に対しては厳しい条件をつけるのに、細菌に対しては寛容なのだろうか？　そうでなければ、細菌のせいで生物学の「種」の概念が決定的に壊されてしまうからにちがいない。この例は、生物の多様性がもはや科学では管理しきれないことを示している。

腸内細菌は腸内が細菌でいっぱいになると、自らウイルスに食べられたり、住処を明け渡したりする。微生物学者の推定によると、腸内では毎日（！）、約三〇〇億個のウイルスが獲物を探して腸管粘膜を通過し、血管に入りこみ、臓器に侵入しているという[55]。

ここで、少し休憩しよう。ここまでの大まかな内容は理解していただけただろうか？　私はもちろん理解しているが、もし、あなたが理解していないとしても問題ではない。食物連鎖による生命の営みを理解していないと自分で認められる人は、あらゆる考えから解放されて、謙虚になれる。特に、自然界の生物を、人間の助けを借りないと生きられないように手なづけようとしてきた人にこそ謙虚さは必要だ。謙虚さから得られる教訓はじつにシンプル。自然を守りたいと思ったら、多彩な自然の営みをただ眺めて放っておくだけでいい。そうすれば、地域的に絶滅したとされる動物や植物が復活する可能性がある。献身的な人には難しいことかもしれないが、不健全な生態系を再生させるためには、最初のきっかけをつくったあとは、自然の力にただ身を任せるのがいい。

ここで、話を少し変えよう。植物、特に樹木は、細菌との協力や融合を昔から行なってきた。あなたは学校の生物の授業を覚えているだろうか？　根粒菌については授業で習った（習う）はずだ。根粒菌は、空気中の窒素を化学工場でつくられるような窒素肥料に変換できるという、素晴らしい特性をもっている。根粒菌がいなければ、樹木は雷や火山の噴火や森林火災といった燃焼プロセスが起きないかぎり、固定した窒素を得る機会がない。そんなふうに、いくつかの細菌種は木を救済するために働いている。ただし、細菌はその仕事を「ただ」でやっているわけではない。というのも、細菌も木がいなくては、栄養を得られないからだ。

つまり、木を助ける微生物も、栄養剤というお返しをくれるパートナーを必要としている。こういう話を聞くと、まず頭に浮かぶのは、異種間の協力関係を意味する「共生」という言葉だろう。「共生」とは、たとえば、アリとアブラムシのようなゆるやかな協力関係を意味する。アブラムシはアリにお尻をつつかれると、蜜を吐き出す。アリは蜜をもらう代わりに、アブラムシの一家を食欲旺盛なテントウムシから守っている。ただし、アブラムシとアリは助け合わなくても生き延びられるため、依存関係にはない。

かつては、菌類と藻類が融合して子実体を形成することも「共生」と呼ばれていた。しかし、菌類と藻類は子実体を形成することで独自の「種」を形成し、その後は別々には生きられない。したがって「共生」という言葉は適切ではない。菌類と藻類が融合して形成する「種」は地衣類と呼ばれ、地衣類は「ホロビオント」と見なされる。そう解釈しないと、私たちの血液の中で病原体を攻撃する食細胞も、人間の体の一部ではないことになるだろう。

根粒菌は少なくとも木と融合する前は独立した存在である。そのため、木は根から栄養分を周囲の土に放出して、根粒菌をおびき寄せる。それに気づいた根粒菌は、木の最も細い根の部分である根毛に向かって移動する。根毛が根粒菌を認識すると、木は根粒菌の侵入を許可する。私にいわせると、この時点で、「共生」は終わり、木と根粒菌は融合し、新しい存在（ホロビオント）に生まれ変わる。そこで、木が最初に行なうのは、新しい住人の家として根に小さな粒を形成すること。もちろん、家をつくるためにはエネルギーが必要だが、消費したエネルギーは窒素肥料という形で返してもらえる。そのおかげで、根粒菌と融合した木は、窒素が少ない土地でも成長することができる。通常、木は周囲の植物よりも背丈を伸ばそうとするため、根粒菌との融合は大きなメリットになる。根粒菌の恩恵を受けているのは、ハンノキのいくつかの種類やニセアカシアといった木である。多くの樹種は生まれながら細菌と融合するための機能が備わっていない。いっぽう、そうした機能があっても、それをつかわない木も存在する。その代表的なものがセイヨウシデである。セイヨウシデはこれまで、細菌の侵入を拒みつづけてきた。なぜそうするのかは、いまのところ謎である。[56]

しかし、木と細菌の協力関係は、根の外でも築かれている。その協力関係が具体的にどういったものなのかは、まだ解明されていない。オランダのヴァーヘニンゲン生態学研究所の報告によると、植物にも免疫システムが備わっているが、人間や動物と違い、免疫系の一部は体内ではなく体外にあるという。根の周りには細菌の共同体があり、それが病原菌の感染を防いでいる。[57]

では、ここでアイフェル地方を訪れた大学教授との議論に話を戻そう。教授は前述のような複雑な生物の協力関係は重視していないように見えた。というのも、議論の中で、生態系の質に話が及ぶと、ありふれた生物種の個体数を挙げ、それだけで生態系の質を判断していたからだ。しかし、生物全体の約八五パーセント（あるいはそれを大幅に上回る）が未発見の種であることを考えると、彼が挙げた数値だけで生態系の質を測ることは無理だろう。そもそも厳密な数字など出せないのだから。人間が自然界に介入にすることで、生物多様性が促進されるという教授の仮説は、大多数の生物種が未発見の状態では証明不可能である。それにもかかわらず、多くの大学では、林業による伐採や植林が生物多様性を促進するという明らかに間違った事実が教えられている。しかし、幸いなことに、この流れを変える動きも出てきている。これについては後ほど触れたい。

新しい知識を受け入れようとしない科学者は、今も昔も存在する。しかし、林業の場合、そうした科学者の意見が悲劇をもたらしかねない。森林は気候変動抑制の不可欠な要素であるにもかかわらず、林業はすでに世界の森林の三分の二に悪影響を及ぼしている。[58]

多種多様な生物と大量の微生物で構成されている複雑な生物共同体が、森林の生態系を維持している。そう考えると、林業はまるで、陶器屋を訪れた、暴れんぼうのゾウのようなものだ。気候変動に対処する方法として林業従事者が出したアイデアは「森の交換」。目下、彼らはブナの森を外来種のセイヨウグリやレバノンスギを植林した人工林と交換しようとしている。森林はいよいよ自然とはかけ離れた人工的な形へと変化し、気候変動に耐えられなくなる危険性が高まっている。次章では、本来、森を守るべき人たちが、なぜそのような間違いをおかすに至ったのかを考えてみたい。

第二部　林業の盲点

追いつめられた林業

伝統的な林業は現在、深刻な問題に直面している。人工林のトウヒやマツが枯れつづけているのは、気候変動だけが原因ではないという認識が徐々に広まりつつある。単一樹種のみを植えた人工林がキクイムシに食い荒らされているいっぽうで、本来なら気温を下げたり、雨を降らしたりすることができる貴重な天然林は、過度な伐採により不健康な状態に陥り、増えつづける森林火災の犠牲にもなっている。

これまで、ドイツの林業はうまく機能してきた。世界中の多くの国がドイツの林業を手本にして、森林の大部分を人工林に転換し、何十年にもわたって産業用木材を安定的に供給してきた。樹木の品種改良を行ない、成長の早い樹種を植え、食肉生産と同じような結果を出してきた。つまり、若くて成熟が早い「丸々と太った」木を大量生産してきたわけだ。

しかし、植林された木は、食肉生産用の家畜と同じように脆弱(ぜいじゃく)で、病気の蔓延や特定の自然現象が原因で大量に枯れてしまうことがある。それだけでなく、「大量飼育」された木の質は、天然林の木に比べると著しく低い。しかし、幹の細さや木質の悪さについては、業界が秘密裡に対応してきたため、一般には知られていない。木質が下がり、供給量が減りそうになったら、技術で補うというのが慣例となっている。試しに、立派な一枚板を探していただきたい。おそらく見つけるのは難しいだろう。最近では、小さな板を組み合わせて（接着して）、一枚板のように見立てて販売されることが多い。この方法を用いれば、大きな丸太がなくてもさまざまな大きさの板を生産することができる。

数年前までは、木を育てる人、木を利用する人、誰もが満足しているように見えた。しかし、彼らは不適切な森林管理のせいで森がますます不健康な状態になっていることに気づいていなかった。そんな状況にとどめを刺したのが、気候変動である。そして、いま、ここ数十年のジレンマが衝撃とともに明らかにされつつある。国家が組織し、計画した森林管理という美しい砂の城は、ゆっくりと、しかし着実に崩壊へと向かっている。

そもそも、林業は農業に比べて計画を立てるのが難しい。ただし、商業という観点から見ると、両業界には多くの共通点がある。木材も野菜や果物と同じように新鮮でないと商品として売れない。特に夏場は、カビや虫がついて品質が下がるのを避けるために、木材加工は伐採後二週間以内に行なわれなくてはならない。ところが、気候変動の影響で気温が上がりつづけているため、最近は冬でも油断はできない。

いっぽう、種まき、または植えつけから収穫までの期間については、林業と農業のあいだに大きな違いがある。農業の場合、個々の農家が毎年計画を変更することができる。いっぽう、林業では、六〇～二〇〇年の間隔で木の種類ごとに定められた収穫期を守ることになっている。しかし、木材市場が今後どう変化するかを予測できる人などいるだろうか？　とりわけ、気候変動という要素を加味すると、予測は今後ますます困難になるだろう。今日では、将来の売り上げだけが問題ではなくなっている。樹木が、適切な大きさになるまで成長できるか、収穫可能な年齢に達成できるかといった、これまでは問題でなかったことが問題になってきている。

また、気候変動に関係なく、数年に一度は冬の嵐が起こり、大量の木が倒される。そうなると、木材は新鮮さが命であるため、倒れた木をすぐに加工して販売しなければならない。もちろん、商品の数が多いと、価格は大幅に下がってしまう。同時に、木材生産量をいかに持続的に保つかという課題も生まれてくる。農業の場合は、災害が起きても次の年からやり直せばいいが、林業の場合は、嵐のせいで木が予定よりも大幅に多く「伐採」されてしまうと、その後しばらくは木材生産量を大幅に抑制しなければならない。法律でもそう定められている。また、降水量が少ない年には、キクイムシが発生したり、流行が変わると家具の木材として売れる樹種が変わったりすることもある。最悪の場合、たとえば鉱山の坑道を支える坑木のように、大きなシェアを占めていた事業自体が崩壊してしまうこともある。

結論をいうと、林業では長期的な予測はほとんどできない。それにもかかわらず、ドイツでは、公有林であれ、私有林であれ、比較的大きな森の所有者には一〇年計画の策定が義務づけられている。しかし、あれやこれや測定し、数値を出して計画を立てても、結局、一〇年後に気づくのは「また計画どおりにならなかった」ということだけだ。そうした長期計画が役に立ったケースを私はこれまで見たことがない。
林業の長期計画がうまくいかない理由は他にもある。最近は、干ばつをなんとか乗り越えた森であっても、木材生産量が低下している。当然だ。夏にすでに落葉を始めた森が、通常より多くの木材を供給することはないからだ。気候変動が加速し、平年並みの気温の年がほとんどなくなったいま、長期計画の仕方はそれに合わせて調整されなければならないだろう。より正確にいうと、調整されなければならないのかもしれない。

森林アカデミーでは、森林管理官を対象にしたカウンセリングを行なっているが、そこで私は、多くの森林管理官がまるで会計士のように気候変動に対応していることに気づいた。彼らは、瀕死の状態にあるトウヒの群集はすぐに「帳簿から消す」のに、伐採を免れたブナやナラが不健康な状態にあることはうやむやにし、それらの木はまだ元気に働いているように見せかける。そうした杜撰(ずさん)な森林管理のせいで、気候変動の抑止力になりうるブナやナラの林分が大きなダメージを受けている。樹木の共同体は破壊され、土壌は日光で熱せられ、乾燥しつづけている。最も健康な広葉樹でさえ枯れかけている。森がそんな状態にあるにもかかわらず、森林行政機関は自分たちのPRのことしか考えていない。「ブナが枯れているって? それならば、いっそのこと爆破してしまおう。少なくとも新聞のいい見出しにはなるじゃないか!」

ブナ林での大量伐採

二〇一九年九月のある日曜日、チューリンゲン州の森では、爆発音が谷間に響き渡った。その直後に、ブナの古木がミシミシと音を立てて地面に倒れ、樹冠が砕けた。古木に爆薬をしかけて爆破したのは、ドイツ連邦軍の兵士だった[59]。

この史上初の爆破プロジェクトにより、三〇本のブナと二本のトウヒが見事に伐採された。森林行政機関は多少的外れであっても、森の危機に対応していることを、メディアをつかって国民にアピールできて、さぞかしご満悦だったにちがいない。爆薬をしかけるためには、爆薬の専門家が事前にそれらの木に細工をする必要があった。「いまにも倒れそうな状態であるため、誰も近づけない」というのが爆破の理由だったが、本当にそんな状態であったなら、爆薬の専門家すら木に近づけなかっただろう。木に直接細工できるほどの状態であったなら、なぜウインチ付きスチールケーブルを幹に巻きつけて、安全な場所からトラクターで木を引っぱらなかったのか？やはり、森林行政機関の行動力を声高にアピールする狙いがあったのではないかと勘ぐってしまう。

爆破とまではいかないまでも、似たようなことは、国内のあちこちで聞かれる。病気になったブナの古木が次々と伐採されている。危険な木は排除しなければならない。枝が落ちたり、幹が折れたりして、人がケガをすると大変だ、というわけだ。そこで大活躍しているのが、「ラプター」（肉食恐竜）という恐ろしい名前を持つ、世界最大・最重量のハーベスタ〔伐倒造材機械〕。重量が七〇トンもあるこの林業機械は、アームクレーンをつかって、いとも簡単に古木を切り倒し、林道まで運んで、細かく切断してしまう。ラプターは一日で八〇本ものブナの古木を伐採でき、広葉樹の天然林を食べ尽くしている。

しかし、弱ったように見える木のすべてが死ぬわけではない。病気になったブナは回復することもある。樹冠のすべてが枯れても、枯れた樹冠の下に、新しい樹冠をつくる木は多い。そのようにして、木は何世紀にもわたり生き延びてきたのだろう。八月に落葉しても、来春にはふつうに芽吹く木も多い。ご存じのとおり、木は学びつづけているからだ。

病魔と闘いながら学びつづけている古木の多くが、人気のない森の奥でさえ危険視されて、伐採されている。なぜならドイツでは、すべての森林所有者に対して、入林者の危険回避が義務づけられているからだ。しかし、連邦裁判所が二〇一二年一〇月二日に明言しているように、病気の木を伐採する必要はまったくない[60]。林道脇に立つ病気の木でさえ、放置していい。森林所有者は自ら危険を及ぼす場合にのみ責任を負うことになる。たとえば、積み上げて保管していた丸太が転がって危険が生じたり、林道に倒れた木を放置して、自転車でそこを通りがかった人がケガをしたりする場合などが当てはまる。したがって、衰弱した木の伐採は、入林者を保護するためというのは名目で、本当は、病んだ森でも伐採を続け、木材の生産を確保するのが狙いなのだろう。

瀕死の森で、衰弱した木の伐採が加速しているもう一つの原因は、感情的なものにちがいない。何十年ものあいだ伐採を続けてきた人工林の木が枯れはじめたのは、伝統的な林業が失敗した明確な証である。多くの森林管理官は「この惨状を生み出した人間に森の管理は任せられない」と非難されることを恐れるあまりに、枯木を伐採してしまう。

とはいえ、森林行政機関も林業従事者も、トウヒとマツが枯れているのは自分たちの責任ではないとしている。彼らの説明によると、第二次世界大戦後、針葉樹の植林が加速したのは、ドイツの多くの都市が爆撃により壊滅したからだという。復興に向け、木材産業を早く立て直そうとした先人たちを非難することはできない、というわけだ。しかし、その主張は的を射ていない。一九四〇～一九五〇年代にかけて、木材が早急に必要だったとしても、植林直後の小さなトウヒの苗木を木材加工するのは無理だったはずだ。さらに、ありえないことに、ほんの数年前まで、林業界の有力者たちは、針葉樹林の多くを広葉樹林へ転換することを大々的に反対していた。たとえば、ヘルマン・スペルマン教授は二〇一五年、「針葉樹の植林の減少は悲劇だ」と述べ、針葉樹の植林の強化を訴えた。ここで注目すべきは、スペルマン教授が二〇二〇年まで、連邦森林政策科学諮問委員会の議長を務めていたことだ。つまり、教授の言葉はドイツの森の未来を決定するほどの重みをもっていた[61]。

このように、林業界では、自分の過ちに気づいている人がほとんどいない。しかも、皮肉なことに、彼らの誤った主張を支えているのは、枯死寸前のブナの森である。ご存じのとおり、広葉樹の森では大規模な伐採により、樹木のネットワークが破壊されて、残された古木の戦士たちが生き残りをかけて戦っている。伐採が加速する森で、ブナが猛暑の最中に死んでしまっても、森の不健全さを非難する人はおらず、針葉樹の植林を増やす口実にされてしまっている。「中央・西ヨーロッパはブナの原産国だ。在来種のブナまで枯れてしまうなら、それは林業のせいではない。万歳！」というわけだ。

さらに、現在衰弱が激しい広葉樹の森は、森まるごと別の樹種に変えてしまえばいいというような、とんでもない解決策も浮上している。そんな考えは狂気としかいいようがない。とはいえ、森の樹種交換は、すでに広い範囲で始まっている。やる気満々の政治家たちが袖をまくって「私たちになら森を変えられる！」と叫び、自らの知識と行動力を示すチャンスが来たと喜んでいる。森は「そっとしておいてほしい」と望んでいるだけなのに……。

ドイツはスーパーツリーを探している

二〇一九年三月、牧歌的な雰囲気が漂うハーフェラント郡〔ドイツ連邦共和国ブランデンブルク州西部の郡〕で、ユリア・クレックナー連邦食糧・農業省大臣が森の皆伐地〔樹木をすべて伐採した森の区画〕に立っていた。大臣は移植機をつかい、ベイマツの苗木を植えていた。後に新聞に掲載された写真からは、ベイマツの苗木を握る大臣の意欲と決意が見てとれた。[62] しかし実際のところ、この植樹イベントは、針葉樹を植林する時代は終わったという事実を知らず、「このままでいいのだ！」と昔のやり方に固執する大臣の無知の表れでしかなかった。

ドイツには「狂気とは、何度も同じことを繰り返すだけの人間が、毎回異なる結果を期待すること」という格言がある。まさに「伝統的な林業」がこれに当てはまるだろう。林業についての議論は目下、「これまでの手法をどう変えるか」ではなく、「これまでの手法に森をどう適応させるか」というおかしな方向に進んでいる。それはまるで「ドイツはスーパーツリーを探している」〔ドイツには「ドイツはスーパースターを探している」という新人歌手の発掘オーディション番組があり、人気がある）」を合言葉に、ある種のツリーオーディションをやっているような状態である。しかし、植える木の種類を変えるだけで、森は再生するのだろうか？　それは絶対にありえない。そんなことをすれば、あらゆる生物が食料を奪われて飢餓状態に陥るだろう。人間の食生活を考えると、これは容易に理解できる。

人間の食料のほとんどは草でまかなわれている。それなら、草が人間の主食なのだろうか？　このおかしな質問にはすぐに答えられる。「はい、トウモロコシと小麦とオーツ麦と大麦と米は甘草（カンゾウ）の仲間なので草です」と。甘草の仲間は他にもあるが、とりあえず、草が人間の食生活において重要な役割を果たしていることだけはおわかりいただけたと思う。穀物は世界の食料消費の五〇パーセント以上を占め[63]、さらに家畜の飼料としても使用されている。つまり、草の種は卵や乳製品や肉にも姿を変えて、私たちの食卓に上っているのだ。

では、ここで想像していただきたい。ドイツ政府が、今後数年のうちに、国民の主食を食べ慣れた穀物からホソムギやヒロハノウシノケグサやシラゲガヤなどの草に転換する計画を立てたとする。おそらく、それらの植物種は人間の食べものとしては適さないため、国の食料システムは崩壊するだろう。そのような（現実離れした）計画が実行されれば、人間は最終的に飢えざるをえない。もちろん、国民のニーズを無視するような政府を率いる政治家たちは、次の選挙では惨敗する運命にある。

草と樹木には、生物学的な分類が非常に曖昧で、科学的な判断を下すのが難しいという共通点がある。とはいえ、草の場合には当たり前のことが、樹木の場合には無視されることが多い。樹木は何千種もの動物と菌類と細菌のエサである。花や果実や葉や樹皮や木質部、あるいは、腐植土を介して、それらの生物に栄養をあたえている。そのため、在来種のブナやナラが伐採されて、その代わりに外来種のベイマツやアカガシワやセイヨウグリなどが植林されると、多くの土壌生物が飢餓状態に陥ってしまう。

樹木は森の食物連鎖の出発点であり、その連鎖は何千年もかけて高度に精密化されてきた。残念ながら、森の食物連鎖についての研究はあまりない。動物界の食物連鎖のピラミッドでは、小さい生物が下位に、大きい生物が上位にあるのがふつうである。ピラミッドの頂点に立つのは、大型の草食動物や肉食動物など、最大の生物であることが多い。海や内陸の草原のような生態系でもそれは同じである。生態系は、食物連鎖のピラミッドの頂点に立つ生物、いわゆる頂点捕食者が存在しているかぎり、うまく機能する。なぜなら、すべての下位にある生物が存在して初めて、頂点捕食者は存在できるからだ。したがって、ある場所の生態系の状態を大まかに把握したいなら、そこに生きる最大の生物の状態を観察するだけでいい。

いっぽう、森の生態系はその逆で、樹木という最大の生物が食物連鎖の最下位にあるため、ピラミッドの上位にある生物が無視されやすい。その結果、（専門家を含めて）多くの人が、単なる木の集合体が森だと考えている。そうした考えは、法律にも反映され、樹木が集まる場所はすべて森と定義されている。つまり、外来種のベイマツやセイオウグリやトウヒやマツが育つ場所は、たとえそれが在来種の木にとっては緑の砂漠にすぎないとしても、森と見なされてしまうのだ。

そうした考えからは、「木を植えれば、森はできる」という発想しか生まれてこない。十分な数の苗木さえあれば森は維持できる。既存の樹種から木材を生産できなくなったら、新しい樹種を植えればいい。結局、林業は農業と同じなのだから、ときどき「植えるもの」を変えてもいい。樹木は生育期間が野菜に比べてはるかに長いため、林業では農業よりも計画が立てにくいが、それがどうした、というわけだ。

新しい樹種を選ぶ際には、猛暑や干ばつなどの気候変動に耐えられるかどうかが決め手となる。そのため、樹種探しでは、気温と降水量が数十年後の予想値に合う気候帯の木が対象になる。したがって、南方の地域の樹種まで選択の幅が広げられている。

本当に、そうした単純な方法で樹種転換が可能なら、選択は難しくないだろう。現時点では、すでに挙げた北米原産のベイマツや地中海沿岸部原産のセイヨウグリと並んで、トルコキハシバミ（ヨーロッパ南東部原産）とコーカサスブナ（バルカン半島からイランまで広く分布）が、樹種転換の対象にされている。それらの樹種は他の外来種と合わせて、今後八〇年間ドイツの木材需要を満たすことが期待されている。

しかし、ここで問題視すべきは、針葉樹の大規模植林が、林業界ではいまだに成功例として語られている点と、森林行政機関と林学者が人工林の枯木の増大に対する責任を全否定している点である。在来種の広葉樹をふたたび植えたとしても、それらが外来種より非力であれば、ドイツの森にとっては何の得にもならない、というのが彼らの考えだ。実際、導入された外来種の中には、ドイツ語で「ブラウグロッケン」や「キリバウム」と呼ばれるキリのような素晴らしい木がある。キリはマイナス二〇～四〇度の低温にも耐え、一年で全長四メートル程度まで成長し、一〇年後には、幹の大きさが最大で〇・五立法メートルにもなる。ちなみに、ドイツの森の木の平均樹齢は七八年。そのころにようやく幹の大きさは約〇・五立法メートルに達する。キリは成長が非常に早いだけでなく、見た目も美しい。

目下、未来の森を守るために、さまざまな対策や解決策が講じられている。しかし、それにより浮き彫りになるのは、森林行政機関がエコロジーではなく、将来の木材生産にしか興味がないという事実である。一般市民も徐々に「森林改革」とは「工場（この場合、製材工場）の改革」にすぎないことがわかってきた。数年後には、見た目だけは素晴らしい新しい森ができ上がっていることだろう。しかし、それは森林の生態系に計り知れない損害をもたらす。外来種の植林は、多くの在来種の動植物から生活の基盤を奪ってしまう。つまり、新しく植えられた木は森林政策上のカムフラージュにすぎず、その裏では、何千もの在来種の生物が命を落としている。生き残るのは、絶滅の危機にさらされていない、どんな場所でも柔軟に対応できる生物種。いわゆる稀有なジェネラリスト集団だけである。

結局、林業は、少数の樹種だけを植える伝統的な植林システムにとどまっている。しかし、これまでの数十年とは対照的に、十分情報を集めた一般市民が、この森林改革を批判的に見ている。

ところが、市民の圧力により変化したのは、森林行政機関と林学者が創造力を駆使して言い逃れをするのがうまくなったことだけだ。「温暖化が加速する中では、南国の樹種が北国へ移動するのは時間の問題ではないだろうか？」「温暖な気候を好む木を植林することは、森を助けること、いわゆる『人為的な生育地移動』にならないだろうか？」つまり、彼らは「私たちは、いずれここに移住してくる木を助けているだけです。木は動くスピードが遅すぎて、気候変動の流れに追いついていません。ですから、ちょっとしたサポートが必要なのです[64]」といいたいのだ。いかにも筋の通った主張である。では、彼らの主張について、二つの側面から考えてみよう。

気候帯〔気候がよく似た特徴を示す地域。最も単純な気候帯は熱帯、温帯、寒帯の三帯〕が変われば、育つ植物も変わる。最後の氷河期の後、まさにそれが起こった。氷河が解けてなくなると、草や地衣類や低木が生育するツンドラ〔ユーラシア大陸・北アメリカの北極周辺に広がる凍結した荒原〕が生まれた。その後、トウヒやマツの森が現れ、温暖化が進むにつれて、最初はナラが、最終的にはブナまでもが、針葉樹から生育地を奪うようになった。この氷河の融解（ゆうかい）にともなう移動は、いまでも続いている。ブナはすでにスウェーデン南部に到達し、森林限界〔高木が生育できず森林を形成できない限界線を指す〕の手前で最初にできたトウヒの森は、すでにラップランド〔スカンディナヴィア半島北部からコラ半島に至る地域〕に到達している。「すでに」というのはおかしいだろうか？　木は、世代交代のときしか移動できないため、何百キロメートルも移動するには何千年もかかる。しかし、気候変動が加速する中では、スピードを上げなくてはならない。

現在、気候帯は数十年単位で変化している。そうした速い変化には、非常に遠くまで種子を飛ばせる樹種しか対応できない。たとえば、ポプラやヤナギは、夏の嵐の際には、フワフワの綿毛に包まれた種子を、数時間のうちに一〇〇キロメートル以上も離れた場所まで飛ばすことができる。いっぽう、ブナやナラの種子は、重いため、どんなに強い風が吹いても親木の下に垂直に落ちてしまうという欠点がある。カケスのような鳥だけが、ブナやナラの種子を（冬の備蓄食料として土に埋めるために）数キロメートル先まで運ぶことができる。そうした重い種子をつける樹種の平均的な移動速度は、一年当たり約四〇〇メートル。昔は気候変動がゆるやかだったため、その速度でも十分だったが、いまは明らかに遅すぎる。

さらに、もう一つ、移動する樹木に立ちはだかる大きな障害がある。それは、自然と人間が所有する土地との境界線である。樹木が北へ移動したいのであれば、草地と耕地と都市を徐々に占領し、生育範囲を広げていく必要がある。しかし、自分の庭を一時的に、つまり一〇〇年以上も、移動中の木に占領されることを許す人間がいるだろうか？

そんな人はいないだろう。無断で人の家の庭に根を張った木は、速やかに抜かれてしまうのが常だ。個人的にもそれは理解できる。私が住む「森の家」は大きな木に囲まれているが、コーヒーを飲んだりバトミントンをしたりする芝生スペースもある。森の中とはいえ、自分の住居が木で覆われてしまうのは、私も嫌だ。自分の生活圏は侵されたくないという気持ちをもつことはいたって自然なことだろう。だからこそ、移動中の木であれ、許可された森以外の場所に根を張ることは許されない。もちろん、そうした人間のエゴが、気候変動にともなう樹木の移動を妨げていることは否めない。

そう考えると、南国の樹種をドイツまで運んでくる森林行政機関は、木が移動する予定の場所へダイレクトに行く手助けをしていることになるだろう。しかし、そこからが問題だ。森林管理官は、人間の助けなしでもドイツに到達できる樹種を、また、到達できたとして、その樹種がドイツに定住できるかどうかを、どうやって知ることができるのだろうか？　常識的に考えれば、樹種の選択は難しくない。たとえば、北米原産のベイマツは、ドイツへ移動させる樹種にはならない。なぜなら、アメリカ東海岸でさえまだ到達できていないこの木が大西洋を渡り、西ヨーロッパに移動できるとは、とうてい考えられないからだ。

木の標準的な移動距離を考えれば、中国原産の万能植物であるキリが、北米やヨーロッパに移動できないことは明らかだろう。それは基本的に、外来種すべてにいえることである。バルカン半島やトルコに生育するトルコキハシバミでさえ、距離が離れすぎていて、今後数世紀のあいだに中央ヨーロッパへ移動できることを証明するのは難しい。

しかし、純粋に経済的な観点から見ると、外来種には無敵の利点がある。それは、有害な生物に対して強いこと。ブナやナラやトウヒを好む菌類や害虫にとって、外来種の樹木は「まずい食事」である。文字どおり、これは正しい。菌類や害虫は、その土地に生育する木に執着し、食べ慣れた葉と樹皮と木質部だけを好んで食べる傾向がある。人間が住んでいる地域のものを好んで食べるのと同じかもしれない。

樹種転換のためにつかわれる木は、苗木としてではなく、ほとんどが種子として輸入されている。種子であれば、寄生虫が感染している可能性がほとんどなく、ある意味「クリーン」だからだ。そのおかげで、トウヒとマツが虫の大群に襲われても、新種のベイマツとアカガシワとトルコキハシバミは元気に育っている。それだけを見て、多くの森林管理官は、樹種転換が功を奏したと思いこんでいるが、それは早合点だ。徐々にではあるが、新たな脅威が迫っている。植物の国際間取引が加速し、南国の菌類や害虫が密かにドイツにもやって来ている。そうした菌類や害虫は、新しい国に自分の好きな食べものがすでにあることを喜んでいるにちがいない。

ドイツに密航した害虫の一つが、ベイマツ・タマバエだ。このハエの幼虫は、ベイマツの針葉の一本に数匹が収まるほど小さい。幼虫は針葉の中にいると、鳥から襲われる心配がないため、ひたすら葉を食べつづける。最後には、葉の外へ出て羽化し、冬の終わりには産卵し、幼虫が生まれ、ふたたび同じサイクルが繰り返される。ベイマツ・タマバエはベイマツの天敵だ。なぜなら、幼虫が大量に寄生すると、ベイマツの針葉はすべて枯れてしまうからだ。針葉がなければ、マツは光合成できないため餓死してしまう。二〇一六年以降、ラインバッハ市〔ノルトライン＝ヴェストファーレン州のラインジーク郡にある群所属市〕の森を筆頭に、ベイマツ・タマバエの害が増えている。ラインバッハ市の森林管理官は二〇一八年、日刊紙に現状を訴え、ベイマツが目下最大の心配の種だと述べた[65]。ちなみに、同年、ユリア・クレックナー連邦食糧・農業省大臣が、植樹イベントで植えた木もベイマツだった。

ベイマツがそうした状態であるなら、同じ外来種であるトルコキハシバミは大丈夫なのだろうか？　バルカン半島からアフガニスタンまでの広い地域が原産地であるトルコキハシバミは、じつは現在、そこにはほとんど生育していない。いっぽう、ドイツでは、都市部で頻繁に見かけられるが、森にはほとんど植えられていない。トルコキハシバミは暑さにも乾燥にも強く、木質部は硬くて丈夫。低木のセイヨウハシバミと同じように、種はヘーゼルナッツとして食べられるため、人間にとっては二重の魅力がある。しかし、最近、招かれざる客がトルコキハシバミを訪れることが多くなった。その客とは、トルコキハシバミの味の虜になったと思われるカラフトモモブトハバチである。そのハチの幼虫は、トルコキハシバミの葉を葉脈まで食べ尽くし、光合成を妨害してしまう。とはいえ、トルコキハシバミはまだ単発的に植えられているだけなので、その被害はドイツ全体から見ると大きな問題ではない。しかし、そうした魅力的な南国の木がもっと増えれば、樹種転換の行く末は今後どうなるかわからない。自然はすでに私たちに警鐘を鳴らしている(66)。

外来種の導入は、一つの数字に大金を賭けるカジノのルーレットゲームのようにも見える。そうした先の見えない状況にあるにもかかわらず、林業界は外来種の導入をあきらめない。さまざまなアイデアを模索している。たとえば、外来種よりもブナやナラなどの在来種のほうがいいというなら、暑さに耐えられる南国のブナやナラを輸入すればいい、という考えがある。ブナの生育地は、南部ではシチリア島、南東部では黒海にまで広がっている。北国の森林再生を図るために、耐暑性のある南国の木の種子を輸入することは正解ではないだろうか？　南国の木の種子の中には干ばつを乗り越える知恵がつめこまれている。在来種と同じ樹種なら、ドイツの森の生態系に害を及ぼす心配もない。それだけでなく、在来種を好んで食べる生物や菌類は、気温が上昇しても主食をそのまま維持できる。

そうした考えは筋が通っているように聞こえるが、気候変動が加速しているからといって、軽々しく外国の樹木に乗り換えるべきではないだろう。確かに気候は変化しているが、どのくらいの速さで、どのような局所的な影響があるかは誰にも予測できない。ここ数年を振り返ってみると、驚くほど降水量は減少し、気温は上昇している。したがって現時点で、南国の木に未来を託す森林管理官は、今後一〇〇年、いや、二〇〇年の気象変化を自分は予測できると信じ、それに大金を賭けていることと同じなのだ。

二〇二〇年五月、安全神話を語る森林管理官を信用すべきではない理由を明確にする出来事が起こった。もう五月の半ばだというのに、夜に気温がマイナス一〇度まで下がり、通常は丈夫なナラの新芽と葉が凍ってしまったのだ。この経験から学ぶべきことは、樹種の選択の際には、平均気温ではなく、その地域で生じうる極端な気温を考慮しなくてはならないということ。そうした極端な気温の変化は、例外的な現象に見えるかもしれないが、何百年も生きる樹木にとっては、体験する頻度が増えるため、例外ではない。耐暑性のある樹種が、植林後二年ならまだしも、ある程度成長した一〇年後に、遅霜に見舞われて死んでしまっては意味がないだろう。

南国のブナやナラは、北国の環境を知らないというハンデがある。遅霜の程度だけでなく、降水量とその年間分布も南国とは違う。新天地の土壌とそこに生息する微生物の種類の違いでさえ、新参の樹木には大きな課題をあたえるだろう。また、樹種は同じとはいえ、他の個体群〔ある地域に生育（生息）する同種の生物の集団〕の種子がドイツにもちこまれると、新しい病気が増える可能性もある。

「樹木ウイルス学」という言葉をご存じだろうか？　「樹木ウイルス学」とは、ベルリンのフンボルト大学で生まれた新しい科学の一分野である。「樹木ウイルス学」の研究者たちは、木もインフルエンザのようなウイルスに感染するかどうかを明らかにするために、研究を行なっている。おかしな研究に聞こえるだろうか？　いや、植物が人間と同じ生物なら、ウイルスに侵されて病気になってもおかしくはないだろう。樹木の場合は、ＳＡＲＳ‐ＣｏＶ‐２（新型コロナウイルス）ではなく、ＥＭＡＲａＶ（エマラウイルス）が厄介なウイルスの一つとされている。エマラウイルスは、ナナカマドやナラやトネリコやポプラなどに感染し、葉にダメージをあたえて木を弱らせる。

木の世界では、木と木が接触する機会はほとんどない。人間が木のように並んで立っているだけなら、新型コロナウイルスのパンデミックは起こらなかっただろう。とはいえ、木の世界では、虫がウイルスの媒介者になっている。おいしい蜜を求めて、木から木へ、森から森へと飛んだり、はったりする虫たち。その際、虫たちは体内にウイルスを保有し、新鮮な葉を噛むたびにそれを木に感染させる。フンボルト大学の研究者たちは現在、ヨーロッパの広葉樹のあいだで感染が広がり、有害な菌類や細菌と同じぐらい木を弱らせるエマラウイルスについて調査している。[67]

もちろん、植物がウイルス性の病気にかかることは昔から知られていた。しかし、菌類や細菌といった微生物でさえ、森林管理官の目にとまることはほとんどない。そうした小さな生き物が人間に対してと同じように、樹木に対しても大きな影響力をもつという発想は、林業界にはないようだ。南国の木の種を北国でまくと、ウイルス感染が広がることも考えられる。感染が広がると、具体的に何が起こるのかは、まだ明らかにされていない。そのためには、まず樹木ウイルス自体を研究しなくてはならないだろう。前章で説明したとおり、人間は世界に存在する多種多様な細菌種のほとんどを知らない。細菌よりもはるかに小さいウイルスについてはいうまでもない。

外国の樹木の導入で心配すべき要素は他にもある。たとえば、日の長さがそうだ。最南端のブナの生育地であるシチリア島では、六月の日照時間がハンブルクよりも二時間以上短い。そんなことは些細なことのように思えるが、日光がなくては、木は糖分、つまり、貴重な養分をつくり出せない。したがって、北国の環境に慣れていない南国の苗木をドイツの森に植えると、どのような影響が出るのかは予測しにくい。氷河期のあと、ブナが南から北へと移動したのは事実だが、それは数千年という長い時間をかけた小刻みな移動だった。そうした移動であれば、ブナはゆっくりと環境に適応すればよかった。学ぶ時間と機会は十分あった。いっぽう、南国にとどまったブナは、他の地域の環境に適応する方法を学んでいない。そのため、ドイツの森に植林される南国のブナは、新天地で一から勉強を始めなくてはならない。その結果がどうなるかは誰にもわからない。

そもそも、南国の樹木の北上を助ける意味などあるだろうか？　ブナが氷河期のあと、南国から北国へ移動したのであれば、ドイツのブナは適応力を身につけ、その経験を子孫に伝える過程にまだあるはずだ。時間に追われ、効率のよさしか考えていない現代人が、そんなゆっくりとした木の反応に気づけないのは当然かもしれない。

したがって、新種の導入、つまり「人為的な生育地移動」に木が同意し、森が本当にそれを望んでいるとはいいがたいだろう。これまでのところ、森林管理官が木の成長を妨害したり、森を破壊したりしないかぎり、ドイツの森の生態系は気候の変化にうまく適応している。

しかし人間は、自力で再生しようとしている森に時間的な猶予をあたえない。森林改革と称して、莫大な費用をかけて人工林を増やそうとしている。しかも、その計画は、環境保護を前面に押し出してイメージアップを図りたい多くの企業に支えられている。

小さな親切大きなお世話

現在、森林保全を目的とした植林が「流行」している。広告パンフレットやテレビをとおして私たちがよく目にするのは、気候変動対策と称して森に木を植えている幸せそうな人々だ。

植林は前向きな行動であり、多くの人に希望をあたえ、次世代の手本になる。樹木は五〇〇年ものあいだ生きつづけ、大量の炭素を蓄えるだけでなく、酸素を放出し、数え切れないほどの生物に恩恵をあたえる。

そんなふうに、植林はポジティブなものととらえられているが、多くの場合、間違った方法で行なわれている。大手のホームセンターチェーンの活動がいい例だ。そのホームセンターチェーンは二〇二〇年末、一〇〇万本の木を植えるプロジェクトを立ち上げて、それをパンフレットやCMで宣伝した。[68] 木はいくらあっても足りないため、プロジェクトの趣旨については基本的に共感できる。一〇〇万本の苗木を植えれば、植える間隔にもよるが、約一～三平方キロメートルの新しい森が生まれるだろう。とはいえ、実際、そんなふうにうまくいくのだろうか？　そのホームセンターチェーンは、トウヒのような針葉樹ではなく、広葉樹を植えることで、既存の人工林を再生し、気候変動に強い森を新たにつくることがプロジェクトの目的であると公表していた。それが本当に森を助けることにつながるのなら、意味のある試みだろう。では、その点を明らかにするために、プロジェクトがどのように実行されたかを見てみよう。そのホームセンターチェーンからプロジェクトの実行を任されたのは、自然保護団体のドイツ森林保護連盟（SDW）だった。[69] ドイツ狩猟協会のマークにもSDWのラベルが貼られていることを知っている人は、それだけでそのプロジェクトが「いわくつき」であることがわかるだろう。

ドイツ森林保護連盟（SDW）には活動理念があり、その第二項目では、次のように謳われている――「我々は、文化的・経済的・生態学的機能をもつ森林を、我々の活動の中心に据える」[70]。生態学的な機能が、経済的な機能の後に挙げられていることは偶然だろうか？　というのも、SDWは連邦と州の森林行政機関のパブリックイメージを支えるために、さまざまな活動を行なっているからだ。たとえば、森林行政機関と共同で児童向けの森林イベントを開催し、小学生たちに林業のよさを伝えている。そのおかげで、SDWは大手ホームセンターチェーンからプロジェクトの実行を任され、プロジェクト参加を希望する森林所有者に具体的な方法を指示することになった。SDWが作成したプロジェクトのガイドラインには、連邦と州の森林行政機関が主導する森林改革プログラムの内容と似たようなことが書かれている。たとえば、「その土地に適応する」樹種のみを植林することが明記されている。これは、外来種も条件を満たせば植林の対象になることを、遠回しに伝えているだけだろう。[71] もしかすると、彼らは林業用語の「その土地本来の」という言葉が「本当の自然」を意味することを知って、あえて言葉を変えたのだろうか？

ここで、胸に手を当てて考えていただきたい。あなたがたが善意をもって植えた木は、ありのままの自然の中で、静かに年を重ねるべきではないだろうか？　あなたが植えた木は、木々が助け合って気温を下げたり、雨量を増やしたりする森の中でこそ育つべきではないだろうか？　つまり、あなたの木は、自然保護区にこそ植えられるべきではないだろうか？

残念ながら、現実の世界ではそうはならない。あなたが寄付した苗木は、人工林に植えられ、数十年後には伐採されてしまう。伐採された木のほとんどは、木材加工され、営利目的で利用される。それが森林の生態系だけでなく、大気にも悪影響を及ぼしている。結局のところ、すべての木材はいつかは焼却炉で、または、木質バイオマス発電所で焼かれてしまう。つまり、木材に蓄えられた炭素は、遅かれ早かれ大気中に戻る運命にある。

大手ホームセンターチェーンのような経済界のスポンサーがいなくても、国内では新しい木がどんどん植えられている。営利目的の植林がもたらす悲劇の典型的な例が、トロイエンブリーツエン〔ドイツのブランデンブルク州にある町〕の森林火災だ。二〇一八年の干ばつの夏に、約四平方キロメートルのマツの人工林が全焼した。私はその火災現場を自分の目で見たいと思った。なぜなら、ドイツで森林火災が起こることはまれだからだ。ドイツにもともとある広葉樹の天然林では、森林火災が起こったことはない。ところが、多くの地域で針葉樹の植林が始まってからは、樹脂のついた枝や針葉に火がつきやすくなり、火災が増加している。

エバースヴァルデ持続可能開発大学のピエール・イービッシュ教授は、生物学者のジャネット・ブルムレーダー博士とともに、人の手を加えない自然な森林再生の方法を研究している。その関連で、イービッシュ教授は森林火災現場での調査も行なっている。二〇一九年五月初旬、私とヨルグ・アドルフとダニエル・ショーナウアー（および映画『樹木たちの知られざる生活』のカメラチーム）は、トロイエンブリーツェンの火災現場でイービッシュ教授と会った。全員で焼け焦げた幹のあいだを歩くと、ほとんど焼けてしまった木もあれば、意外と焼け残っている木もあった。山火事で壊滅的な被害を受けた森林と聞くと、灰の中に焼け焦げた切り株が残っているだけの光景を想像するだろう。しかし、山火事の火はほとんどの場所で、下草とマツの幹を五～六メートルの高さまで焦がしただけで、そこにある樹木を焼き尽くしてはいなかった。それどころか、森はまだ生きていた。ただし、木の幹と葉の色のコントラストは、茶と緑ではなく茶と黒に変わっていた。

私たちは灰を蹴って歩きながら、終末論的な雰囲気に酔いしれていた。ところが、ふと気づいた。焼けた地面のあちらこちらで、小さな芽が顔を出しているではないか。私たちはしゃがみこんで、黒い指で小さな芽の先をそっと触ってみた。確かに木だった。とても小さくて見分けがつかないが、場所によってはカエデやマツの芽が出ている。しかし、よほどの楽観主義者でないかぎり、巨大な黒い絶望的光景の中で、小さな緑の希望の担い手が、森を再生できると信じることは難しかった。

数百メートル先に進むと、今度は人間が手を加えた焼け野原が現れ、その光景に驚かされた。

そこでは、森の所有者が、樹木の生死にかかわらず、皆伐を行なっていた。季節外れの五月に、巨大な焼野原を走るハーベスタ。しかも、それは数秒で木を倒し、枝を払い、処理しやすい大きさに幹を寸断することができる、あの世界最大・最重量のハーベスタだった。焼けたマツは次々とハーベスタにのみこまれ、後にはむき出しの大地が広がっている。その光景の惨（むご）たらしさは、一帯をおおうトラクターの足跡によりさらに強調されていた。その場にいた森林管理官に話を聞くと、トラクターで土壌全体を耕したという。「これまでの経験から、ブランデンブルク州の条件下では、耕地を一からつくり直さないと森林再生は難しい」というのが彼の主張だった。

その耕地、つまり、腐植土を取り除いた真新しい土壌には、高さ一〇センチほどのマツの苗木が植えられていた。マツ？ 私は森林管理官に「なぜ君たちは同じ間違いを繰り返すのか？」とたずねた。「なぜって、当たり前じゃないか。ブランデンブルグの砂地でマツ以外の植物がほとんど育たないことは、みんな知っている」と彼は答えた。私はそれが間違いだと確信していたので、「数世紀前までブナの原生林が広がっていたこの土地で、広葉樹が育たないわけがない。経済的な観点から見ても、こうした方法には意味がない」と主張した。ところが、森林管理官は、「この人工林は一〇〇年後には皆伐されて採算がとれる」と反論したのだ。

私は、そうした状況に対応するために、日ごろから「金利計算アプリ」を愛用している。森への投資が実際に利益を生むかどうかは、アプリで計算するとすぐわかる。「アプリなんて」という人もいるかもしれない。「森に計算は必要ない！」と。私も天然の森に計算は必要ないと思う。天然林はお金や人の助けがなくても、ほとんどの場合、自力で再生し、生態系の質まで向上させることができる。ちなみに、再生した森に希少な在来種の木を植えると、生態系をさらに強化させることができる。したがって、補助的な植林は許されるだろう。

いっぽう、木材生産を目的とする人工林は、不動産や有価証券や金などの投資商品と同じで、適切な金利計算が必要になる。世間一般では、普通預金や定期預金の金利は底をついたといわれているが、投資商品については利回りの向上が見られる。たとえば株式は、数十年にわたり、インフレ調整後の平均利回りが六パーセントを超えている。[72]

マツの栽培は比較的安価だといわれているが、事前に土地を整備し、土壌を耕すだけで、一ヘクタール当たり少なくとも四〇〇〇ユーロの費用がかかる。マツの人工林を投資商品と考えると、製材できるほど幹が太くなるまでには一〇〇年ほどかかるため、投資期間は約一〇〇年になる。ちなみに、間伐材〔森林の成長過程で密集化する立木を間引く間伐の過程で発生する木材〕も市場に売り出されるが、品質が悪くて安価なため、森林の管理や伐採にかかる費用の足しにはならない。

では、マツの人工林を金利六パーセントの投資商品と考え、一ヘクタール四〇〇〇ユーロからスタートし、一〇〇年間投資を行なったと仮定しよう。もうおわかりだと思うが、長期的には莫大な金額になる。なんと、一三〇万ユーロ以上の利益が生まれる。ということは、生態系の質が悪い、砂漠のような人工林が天然林よりも「よい結果」を出すためには、木材販売による適切な収益が必要になることがわかる。十分な収益が得られないなら、人工林をつくるよりも株式などに投資したほうがいいだろう。実際、マツの人工林は一〇〇年経っても一万二〇〇〇ユーロの利益しか生まない。[73] つまり、投資商品に比べて利回りは圧倒的に悪い。

こうした計算をすれば、林業のほとんどの支出について分析することができる。結果は明白だ。自然に逆らった経営をしても、それに見合った利益は得られない。一言でいえば「植えたら損」なのだ。

企業や個人が公有林に植林するという善意の活動には、もう一つの問題点がある。それは森林行政機関、つまり、監督官庁の無責任さに支えられている点である。森林当局は、過去数十年にわたり、トウヒやマツの大規模な植林を行ない、生態系の破壊を引き起こしてきた。それにもかかわらず、彼らの植林活動は拡大しつづけ、いまではドイツの森の半分以上が外来種の針葉樹で占められているという事態に陥っている。

針葉樹の植林がメリットをもたらしたことは一度もない。夏に記録的な干ばつが起こった二〇一八～二〇二〇年以前にも、針葉樹の代表であるトウヒの半分以上が、キクイムシや嵐の犠牲になっていた。とはいえ、それは森林当局が以前から予測していた災害であったため、税金が繰り返し投入されて補助的処理が行なわれた。同時に、私有林の所有者だけでなく、公有林の管理者にも数年以内に森林を再生させる法的義務が課せられた。そうした経緯があるために、善意の人が暇つぶしに、または、気前のいい大手ホームセンターチェーンが顧客の領収書を集めて植林を進めている一部の森では、今後さらに新しい木が増えていくだろう。監督官庁である連邦と州の森林行政機関にとっては願ったりかなったりである。

災害後の森林再生や人工林の樹種転換の際には、私有林と公有林の両方に対して公的な資金援助が行なわれている。そのため、森林所有者は植林プロジェクトのような自主的な取り組みを行なっても、金銭的負担がまったくかからないなんてケースもある。それに後押しされて、増えてくるのが、大規模な植林キャンペーンとボランティア参加者の「何かよいことをした」という自己満足感である。そんなわけで、人工林に居場所を奪われた天然林は、人間の活動をただ黙って見守るしかない。

とはいえ、植林が賢明だと思われるケースもいくつかある。繁殖力が強い古木がまったくない場所、たとえば、広大な農地がそれに当てはまる。そうした場所で森を再生させるには時間がかかるが、それは問題ではない。時間がかかることこそが自然のプロセスなのだから。自然には時間がたっぷりあるが、残念ながら人間にはない。とはいえ、森林再生を気候変動対策と捉えれば、人間の手で自然のテンポをもう少しだけ速めてもいいかもしれない。ただし、ブナやナラやシラカバなどの在来種を植林する場合のみ、森林再生はうまくいく。

しかし、植林される苗木には最初から大きな問題がある。最大の問題は、根だ。高さ四〇センチのブナの幼木でさえ、一平方メートルにわたり根を広げている。そんな長い根をまったく傷つけずに掘り起こしたり、新しい場所に植えたりすることは不可能だろう。もし、それを可能にしたいなら、根に固着した大量の土も一緒に移動させなくてはならないため、ショベルカーが必要になる。そんな多額のコストをかけて植林したい人はいない。林業では「安く、速く」が鉄則なのだから。農業と同じように、林業でも木材価格の下落が加速している。したがって、ブナやオークの植林は植えつけを含めて一本二・五〇ユーロ以下にとどめなくてはならない！

つまり、安くて十分大きくて、お金をかけずに素早く植えつけできる苗木がよいとされている。ところが、そうした条件が次のような結果を生んでいる。

植林用の苗木の根は、小さな植穴（即席の植穴）に収まるよう短く切られてしまう。まず、苗を育てている種苗（しゅびょう）会社で剪定（せんてい）され、森に運ばれて再度剪定されることが多い。「痛い！」そんな木の叫び声が聞こえてきそうだ。樹木の根は最も繊細な器官であり、科学者たちは根の中にヒトの脳のように機能する構造を発見している。つまり、木は、根で水の吸収量を決定したり、どの仲間の木に土壌のネットワークを介して糖液を送るか、どの菌類と同盟を組むかを判断したりしている〔『樹木たちの知られざる生活』を参照〕。

残念ながら、繊細な根は一度切られると、それまでもっていた機能を失ってしまう。木は根を地中深くまで伸ばすことをやめ、木の仲間と根をつなげてネットワークを形成しなくなる。すると、仲間とコミュニケーションがとれなくなり、害虫や草食動物の攻撃を受けやすくなる。通常、森で最初に攻撃された木は、空気中に化学物質を放出して周囲の仲間に警告を発する。そのおかげで、仲間は体内に毒素を蓄えて攻撃に備えることができる。ところが、人工林の若い木々は、害虫や動物に襲われても、何をすべきかわからずにただじっとしている。

また、一度切断された根は、浅すぎて、土壌に十分固定されないことがある。在来種の広葉樹でさえ、根が浅ければ、土壌の深い層に到達し、冬を乗りきるために必要な水を蓄えることができない。そうした欠陥がいかに致命的であるかは、降水量が激減した二〇一九年と二〇二〇年に植林が行なわれた森を見れば明らかだ。それに比べて、同じ時期に天然林で自然に育った幼木は、猛暑の最中でも新緑が美しく、輝きを放っていた。天然林で育つ幼木にはもう一つの利点がある。それは、生まれた場所で育っているため、その土地の気候を知り、厳しい現実に適応していることだ。種苗会社からやって来た苗木は、こういっては失礼だが、軟弱だ。種苗会社の苗床には常に水がまかれていたため、苗木は干ばつを経験していない。そんな環境で水の正しい飲み方など学べるだろうか？

さらに、種苗会社の苗床では、肥料という植物のドーピングが行なわれている。そこには最も健全な森にもないような豊富な栄養分と水分がある。苗木はそこで一～三年間、夢のような生活を送る。ところが、突如、夢見心地のオークやブナの苗木は、いまはなきトウヒの森の皆伐地に到着して目を覚ます。突如、植穴に押しこまれ、まるで踏みつけられたかのような衝撃を受ける。根は曲げられたり、押しつぶされたりして、水を吸い上げる力を失ってしまう。とはいえ、それは、最大級の林業重機を走らせた皆伐地の土壌に水が残っていればの話だが……。

種苗会社の苗木のもう一つの深刻な欠陥は、学んでいないことだ。経験がないだけでなく、本来、親木が子どもに伝えるべきことすら学んでいない。通常、親木は、自分の経験のすべてを、エピジェネティックな物質を介して子どもに伝える。エピジェネティックな物質とは、遺伝子にブックマークのようにつけられているメチル基と呼ばれる分子のことであり、それは種子の形成とともに次の世代へと受け継がれていく。そのおかげで、子どもの木は、土の状態や降水量や夏の気温の変化にどう対応すべきかを「知る」ことができる。

しかし、そうした情報伝達は、森の数平方メートル以内に親木と幼木が立っている場合のみ役に立つ。ヴェルスホーフェン村のブナの干ばつ時の反応が、南斜面と北斜面ではまったく違っていたことを思い出していただきたい。つまり、木の子孫は、親木から生育地ごとに異なる行動ルールを教えられ、それは根の機能にも影響をあたえているのだ。

そのため、種苗会社の苗木が苗床で教わったことは、新天地ではほとんど役に立たない。しかも、苗木の親木は、公に認められた特別な人工林に植えられている、木材製造向けのサラブレッドだ。となると、親木はシュヴァルツヴァルト〔バーデン＝ヴュルテンベルク州にある森〕の中の人工林で育っているのに、その子どもはアイフェル地方の森に植えられているなんてこともあるかもしれない。

いっぽう、野生の幼木は、さまざまな困難に直面しても、強みを発揮することができる。ブナの木は一生のあいだに平均約二〇〇万個の種子をつくるが、それぞれが異なる特徴をもっている。統計学的にいうと、親木の跡継ぎになれる子どもの木はたったの一本。となると、その木は、その時点の環境に適応する能力が最も高い木ということになる。

とはいえ、先に述べたような広大な農地などで森林再生を行なう場合、親木の情報伝達が役に立つか立たないかなどとはいっていられない。では、いったいどうすれば、生態系が完全に破壊された場所で森を迅速に再生できるだろうか？　答えは簡単。天然林の再生プロセスを高速でシミュレートすればいい。まず、シラカバとヤマナラシを植林する。それらの木は親木がなくても問題なく成長できる特別な樹種だ。一ヘクタール当たり約五〇〇本植えれば、森林再生を早められるだろう。シラカバとヤマナラシは一年で最大一メートル成長するため、日陰をつくり、土壌の水分を保持してくれる。

日陰ができれば、苗木も育ちやすいため、数年後にはシラカバとヤマナラシの下にブナの苗木を植えられるようになるだろう。そして、木がある程度成長すると、鳥のエサ箱を取りつければいい。その箱にブナやナラの実であるドングリを入れておくと、カケスやカラスがそれらを取り出して、冬の備蓄食料として周辺の土の中に埋めてくれる。鳥は基本的に心配性なので、冬の備蓄は二〇〇〇個で十分間に合うのに、約一万個のドングリを土の中に埋める。当然、大部分は食べられずに春に発芽することになる。つまり、鳥に助けてもらえば、安価な植林が可能なのだ。これにかかる費用はわずか数ユーロ。しかも、鳥に植えてもらった木は、植えられた場所でそのまま育つため、根を傷めることなく、天然林の木とほぼ同じように育つ。「ほぼ」と書いたのには理由がある。日陰や土壌の水分は、シラカバやヤマナラシがあたえてくれるが、その土地の情報や糖液は、親木が不在では受け取ることができないからだ。

自然を相手にすればするほど、成功は地味なものになる。待ったり、放っておいたりしただけで成功した人が、堂々と胸を張れるだろうか？　何もすることがないため、ポケットに手をつっこんで自然を眺めている人たちの写真が新聞に載っても、興味を示す人はいないだろう。だから、自然保護活動家が行動力を示すためには、行動するしかない。政治家が行動力を示すためには、お金を出すしかない。だが、手間もお金もかかる植林を続けることは、樹木だけでなく野生動物にも悪影響を及ぼす。野生動物はいま、人間の金銭的な利害関係に縛られて翻弄されている。この言葉は決して誇張ではなく、文字どおりに受け取っていただきたい。

シカは新種の害虫なのか？

森林再生が行なわれている人工林で、轟音が鳴り響いている。植えられたばかりの苗木の上を、銃弾が飛びかっているからだ。銃殺されているのは、おもにシカやノロジカなどの大型の哺乳類。それらの動物は苗木を食い荒らすので、キクイムシに代わる悪者とされている。キクイムシがトウヒの森を壊滅させたため、現在、森林再生が行なわれているが、植えられた苗木が、今度は野生動物のエサになって危機に瀕している。しかし、ここでもご存じのとおり、的外れな議論が行なわれ、一方的な悪者探しが始まっている。政治家たちは一部の環境保護団体とともに、現行の狩猟規制を緩和し、捕獲上限を引き上げることを求めている。動物が植林されたばかりの広葉樹の新芽を食べてしまうと、生態系の再生という素晴らしい政策コンセプトが破綻するおそれがあるからだ。とはいえ、シカやノロジカが本当に悪いのだろうか？

本来、ほとんどの草食動物は森林では生きられない。ブナやオークの木陰に、草はほとんど生えないため、栄養失調に陥るおそれがあるからだ。したがって、シカは川辺林（河川の周辺に繁茂する森林」で生活することを好む。ドイツでは、少なくとも過去には、雪どけ水が大量に流れたせいで、多くの川辺から樹木が消えた時期があった。毎年、雪が解けるたびに、大洪水が起こり、急流に乗って流れてきた太い流木が、若木を容赦なく押し倒し、大木をひどく傷つけた。いまでもエルベ川では、前世紀半ばに植えられた太いナラの幹にその傷跡が残っている。水が引いたあと、土手や川辺林には草がすぐに生い茂った。そして、そこは野生の牛やシカや馬にとっての最高の居場所になった。とはいえ、夏になり、気温が急激に上昇して蚊が大量に発生すると、動物は森に避難した。森は夏でも涼しく、木々の間隔が広い場所には木漏れ日が差し、草が生えていた。

いっぽう、ノロジカは縄張りをつくり、その中で生活するため、居場所を変えることはない。かつては、森の中の特別な場所で生活していた。夏に竜巻で何十本もの古木が押し倒されたり、枯死したブナが腐って倒れたりした場所の地面には、小さな日向（ひなた）ができる。すると、そこの腐植土があたためられて、草が一時的に繁殖する。少なくとも人間が森に介入するまでは、ノロジカはそうした緑地で暮らしていた。ところが、いまでは、日向が森の大部分を占めるという事態に陥っている。林業従事者は間伐と称して、夏の竜巻で倒されるのと同じぐらい多くの木を伐採し、土壌に生あたたかい日向をつくり出している。その影響は、ドイツの多くの森で見られる。比較的健康な古木が集まる広葉樹林では、樹冠の下が常に薄暗いため、夏でも土壌は茶色だが、間伐が行なわれている人工林では、樹冠の下の地面があたためられて、草が生い茂っている。ブラックベリーやラズベリーやハシバミの茂みなど、天然林では見られない植物が繁殖している。

そうした植物は、本来なら、シカやノロジカにとってめったに食べられることのないご馳走だろう。ところが、現代では、草食動物がそんな珍味でお腹を満たしている。林業が珍味を日常食に変えてしまったのだ。とりわけ、ブラックベリーなどの常緑植物が増殖したことで、草食動物の生息数が増えている。通常、二月から三月は、森の中で食料が不足するため、多くの動物が餓死する。残酷に聞こえるかもしれないが、そうやって自然は動物の生息数を食料供給に合わせて調節している。とはいえ、その調節の度合いは毎年同じではない。たとえば、秋にたくさんのドングリがなれば、多くの動物が冬を越すことができる。脂質やデンプンを含むドングリは、次の春まで生き延びるためのエネルギー源になるからだ。いっぽう、ドングリがならない年には、空腹を我慢してなんとか生き延びるしかない〔ブナやナラは毎年実（ドングリ）をつけるわけではない。豊作年は五～七年に一回の間隔で訪れる〕。ところが、近代的な林業と猟師による冬場の餌づけのおかげで、森の草食動物がそうした窮状に陥ることはなくなった。森の多くはブラックベリーの茂みにおおわれ、大雪が降っても常に緑の葉がある。つまり、森の草食動物の増加は、崩壊しつつある針葉樹の人工林が生み出した問題の一つなのだ。

現代の林業では、死んだ森にある枯木はすべて伐採される。皆伐が行なわれた森の土壌は、太陽の光を浴びて温度が上昇する。すると、菌類や細菌が急激に増殖し、地面に落ちた枝と針葉と腐植土の分解が進む。数年後には、窒素などの栄養素が土壌で大量に生成され、草や灌木が爆発的に成長する。そうした肥えた土壌に育った植物は、特に栄養価が高いため、シカやノロジカを引き寄せる。栄養を蓄えた動物は子どもをたくさん産む。結果として、森に住む草食動物の数が急激に増加する。

そうした状況に、さらに拍車をかけているのが植林である。ブナやナラの苗木は種苗会社で水や肥料をあたえられているため、栄養価が非常に高い。しかも、種苗会社は作業をしやすくするために、皆伐を行なったあとに苗木を植える。シカやノロジカにとってそれ以上の幸運はない。広い土地に整然と植えられたおいしい苗木をゆっくりと味わいながら食べられるのだから。

私は森林管理官時代に、森の動物の生息数が皆伐地と関係していることに気づいた。特に、激しい暴風雨が生じた際に、その関係は明白になった。一九九〇年に巨大暴風雨のヴィヴィアンとヴィプケ、一九九九年にロター、二〇〇七年にキリルが到来した際には、森の木の一部が完全になぎ倒され、翌年、その場所で集中的な緑化が見られた。ところが、驚いたことに、最初の数年間は、シカやノロジカが植林した苗木を食べてしまう害が少なかった。それは当然といえば当然だった。森の中の草地が急激に増えたため、動物が苗木を食べる必要がなくなったからだ。野生動物にとっては、人工林の一つが死んだだけで、草地と食べものは圧倒的に増える。栄養を蓄えた動物たちが子どもをたくさん産むまでには時間がかかるため、その後しばらくは食べものがある時期が続く。その間、広葉樹の苗木が食べられるリスクは減少する。

それから数年経つと、状況は変化する。暴風雨の被害を受けた森では、若木が成長し、地面の緑化が妨げられるようになる。しかも、植えた広葉樹の苗木の横では、針葉樹の幼木が自然に育っている。暴風雨の被害を受けた森のほとんどは、元はトウヒやマツの人工林だったのだから、そこに種が落ちていても不思議ではない。キクイムシと暴風雨のせいで前世代の木がすべて枯れたり、倒れたりしたことで、土の中に埋まっていた大量の種子が芽を出して森林再生を試みているのだ。樹脂と精油を含む針葉樹の葉は、シカやノロジカのエサにはならない。したがって、若い針葉樹が成長すると、森の中の日向と食料が減って、それまで生息数を増やしていたシカとノロジカが今度は飢餓の危機にさらされる。飢餓に陥った動物は、森の中のありとあらゆる植物だけでなく、植林された広葉樹も食いあらすようになる。

それなら、新しい森を守るために、シカやノロジカを撃ち殺すべきなのだろうか？

そうした議論は公の場でよく行なわれているが、そこで無視されている大事なポイントがある。それは、木材生産を目的とする人工林で行なわれている間伐が、動物を必要以上に増やしているという事実である。一〇年前、私が管理していた営林区〔樹木の保護育成や伐採の事業が行なわれている森のこと。指定された営林区を管理するのが森林管理官の仕事である〕で地元の大学生による調査が行なわれた。その結果、特に古木が多い、自然保護区に指定されているブナの天然林では、幼木がシカに食べられるケースが少ないことがわかった。天然林のブナやナラの幼木は、古木の樹冠の下でゆっくりと育つため、動物に食べられてもおかしくはない。樹頭〔樹木のてっぺん〕が鹿の口に届かない高さに成長するまでには、長くて一〇〇年ほどかかる。しかし、天然林のブナの幼木の葉は日光をあまり浴びていないため、硬くて苦くておいしくない。シカやノロジカはそんな木を避ける。そのおかげで、私の営林区のブナの幼木は生き残った。

いっぽう、暴風雨によってほとんどの木がなぎ倒された近隣の人工林では、広葉樹の苗木の大半が動物に食べられてしまった。そこは、お腹を空かせたノロジカが毎日のようにやって来て、野生のレストランと化していた。そうした事実をふまえると、植えた苗木が動物に食べられてしまう、いわゆる「食害」の原因は、間伐をよしとする林業そのものにあると考えていいだろう。ところが、一般的には、野生動物の増えすぎが「食害」の原因とされ、気候変動と並ぶ外的な要因として扱われている。

私自身もかつて、ノロジカとシカとイノシシの捕獲上限を大幅に引き上げるよう行政機関に求め、それが功を奏して捕獲作戦を実行したことがある。これはあなたにとって意外だっただろうか？　しかし、私は最新の研究結果と自らの観察をもとに考え直して、数年前に狩猟から完全に手を引いた。

狩猟を推奨していた当時、私は森のことを心配していた。そのころ、私は管理していた営林区をトウヒの人工林から半分天然の広葉樹林に移行したいと考えていた。それを実現するためには、広葉樹の苗木を成長させる必要があった。しかし、苗木はすぐに草食動物に食べられて実現には程遠かった。行政機関と粘り強く交渉した結果、私の営林区がある狩猟区では、捕獲上限を森林一平方キロメートル当たり約二〇頭まで引き上げてよいことになり、何年もその捕獲数を維持して狩猟を続けた。それはドイツの一般的な狩猟区の平均捕獲数の二倍以上だったが、そのおかげで、ブナの苗木は「食害」をほとんど受けることなく成長できた。しかし、その後、私の営林区で大学生による調査が始まり、それと同じ時期にふたたび「食害」が増えた。もしかすると、森林管理官として間伐を続けてきた私自身も、野生動物の生息数を増やすことに貢献していたのではないか？　私は何カ月も、森と野生動物の調和を取り戻す方法を考えつづけた。

そこで、私は次のような計算をしてみた。私の営林区がある狩猟区では、毎年、森林面積一平方キロメートル当たり二〇頭以上のノロジカが捕獲されている。長期間、この捕獲数を維持するためには、狩猟区内に少なくとも四〇頭のノロジカが常に生息し、そのうち半数は雌であり、毎年春に少なくとも二〇頭のコジカを生む必要がある。実際の生息数がこの計算よりも下回っているなら、この捕獲数を維持すれば、ノロジカはすぐに絶滅してしまうだろう。しかし、実際はそうなっていなかった。

私が住むアイフェル地方には、ノロジカやシカの標準的な生息環境がある。そのため、私が管理していた営林区の状況はドイツの森の典型といってよかった。それなら、ドイツの森には森林面積一平方キロメートル当たり約四〇頭のノロジカがいると仮定して、その子どものうちの約一〇頭が毎年捕獲されているなら、残りの一〇頭のコジカはどこにいるのだろうか？　もし、ノロジカの生息数が狩猟によってのみ調整されているのであれば、慢性的に捕獲数が足りない場合、生息数は増加するはずだ。しかし、森の中を歩けば、そうではないことは明らかだ。

新型コロナウイルスのパンデミックで、指数関数的な成長〔ある量が増大する速さが増大する量に比例する現象〕の恐ろしさを痛感した人は多いにちがいない。それは森の中も同じで、無秩序な繁殖は、ノロジカの大量発生をもたらしかねない。ところが、実際はよほど運がよくないかぎり、森の中でノロジカのような大きな野生動物に出くわすことはない。ここで、もう一度考えてみたい。撃たれなかった一〇頭のコジカはどこに消えてしまったのだろうか？　最初に思いつく答えは「自然死」だろう。子どもの死は、何百万年も前からある自然現象の一つだ。飢えや病気や捕食者による襲撃などが主な原因として挙げられる。ちなみに、コジカは、オオカミよりイノシシに食べられる確率のほうが高い。繊細な鼻をもつイノシシは、春になると草原を走り回り、草むらにうずくまっているコジカを見つけると食べてしまうことがよくある。

不思議なことに、シカとノロジカとイノシシに限っては、捕獲し、生息数を調整することに異議を唱える人がほとんどいない。ツグミやミミズやリスの生息数を問題視する人はいないのに、なぜ、シカとノロジカとイノシシだけは、自然な調整機能を失ったと見なされているのだろうか？ 何世紀にもわたり、狩猟を楽しませてくれた動物は例外だというのか。

狩猟は、楽しみのためだけでなく、数十年前からは、草食動物が森の若木を食べてしまうという問題、いわゆる「食害」を解決するためにも行なわれてきた。ちなみに、一九七〇年代のノロジカの年間捕獲数は六〇万頭。現在ではそれが一〇〇万頭を超えている。ブナの実や農作物を食べて林業だけでなく農業にも被害をあたえるイノシシでは、同時期の捕獲数はノロジカの一〇倍も多い[74]。それにもかかわらず、植えられたばかりの広葉樹の苗木が食べられてしまうという問題はいまだに解決されていない。

捕獲数が増えているにもかかわらず、「食害」が減らない理由は、間伐以外にもう一つある。それは、野生動物が本来いるべきではない場所に追いやられていること。その典型的な例をここで紹介しよう。狩猟用の林道に狩猟台が立っている。狩猟台とは獲物を待ち伏せする猟師の視界を確保するために置かれた小さな展望台だ。猟師は狩猟台の上にいると、林から出てきた動物を把握しやすい。また、銃弾が枝に妨害されて、獲物を逃すといった失敗も回避できる。しかも、狩猟用の林道は、木がなく、草しか生えていないため、草食動物を引き寄せる。シカやノロジカは草を狙ってそこへやって来るが、もちろん猟師が待ち伏せしていることを知っている。経験豊富な動物は、林から出る前に、狩猟台にライフルを構えた猟師がいるかどうかをまず確認する。疑わしい場合は、夕暮れまで森の奥に隠れ、それから行動する。

林道は、草食動物にとって死と生のあいだにあるグレーゾーンといってもいい。彼らはほぼ二四時間体制で食べなければ生きてゆけないため、危険な日中は森の奥にあるものを必死に食べてすごす。草や薬草の代わりに、小さな木の芽や小枝を食べる。なんと、シカは幹の皮まで剝いで食べることもある。

狩猟を徹底的に行なえば行なうほど、野生動物は日中に草地に出ることが困難になり、「食害」による被害は拡大していく。さらに、猟師が獲物をおびき寄せるために置くエサが、状況をより悪化させている。何十年間も、狩猟により「食害」が解決されていないにもかかわらず、いまだに「どんどん捕獲しろ!」が公の戦略とされている。ここで、前述したドイツの格言をもう一度思い出していただきたい。「狂気とは、何度も同じことを繰り返すだけの人間が、毎回異なる結果を期待すること」である。

結論をいうと、野生動物の生息数が劇的に増えたのは、林業と猟師による過度な餌づけのせいだ。つまり、「食害」対策のための狩猟ではなく、餌づけがノロジカやシカの生息数を決定づけている。

私たちは、自然界のあらゆる生物には自己調整機能が備わっているという事実を忘れてはならない。ここで、ぜひ考えていただきたい。狩猟は本当に必要なのだろうか？ 自称エコロジストの森林管理官であっても、この質問に答えるのは難しいだろう。なぜなら、エコロジストのあいだでも、在来樹種を活かした多様性のある森づくりを実現するためには、野生動物を大量に捕獲すべきだとの考えが定着しているからだ。有名な環境保護団体ですら、ジレンマを抱えながらも、狩猟を公に推奨している。しかし、野生動物の捕獲数を増加しつづけても、「食害」がおさまらないのなら、私たちは新しい道に進む勇気をもつべきだろう。

狩猟をやめたからといって、本当に状況が改善されるかどうかは、私にもわからない。とはいえ、試してみる価値はあるだろう。そのためには、まず一つの狩猟区を、可能なら、隣り合った二つの狩猟区を試験的に狩猟禁止区域とするのがいい。狩猟禁止区域は小さすぎると、猟師から逃げてきた動物の避難所になり、そこで「食害」が加速するおそれがあるため、十分な大きさでなくてはならない。広い区域なら、狩猟禁止が功を奏すれば、自然の調整機能が発揮されるはずだ。

狩猟を禁止すれば、必然的に野生動物の増加の二つ目の大きな要素である餌づけも排除することができる。シカやノロジカやイノシシを猟場に留めておくために、いまでも何トンものエサが森に運びこまれている。こういうことを書くと、猟師の多くは「餌づけは昔から禁止されているため、やっていない」と否定するだろう。ところが、冬の積雪時に関する規定を見ると（そこでは、餌づけが認められている）、禁止されているわけではないことがわかる。さらに、最近では「食害」対策としての狩猟でつかわれるエサは「キルング」と呼ばれ、動物をおびきよせるために利用されている。

野生動物は人間を恐れているため、罠をしかけないと捕獲できないことが多い。罠の側にはエサを置く必要があるので、集団行動するイノシシまでおびきよせようとすると、エサの量は必然的に増える。狩猟が禁止されたら、そうした手間のかかる罠をしかける必要はなくなるだろう。

シカは幼木の葉と枝だけでなく、成木の幹の皮も食べてしまう。成木の場合、幹が食べられると、成長が妨げられて木材の品質が著しく低下する。つまり、大型草食動物は自然だけでなく、経済にもダメージをあたえている。そうした事実は、捕獲数引き上げの口実になるため、大々的に公表されている。不思議なことに、多くの人は海洋哺乳類の狩猟に対してはバリケードをつくって反対するのに、何百万匹もの野生動物が捕獲されても何とも思わない。

林業界は、残された森林での野生動物の捕獲にブレーキをかけるべきだ。真実は明らかになりつつある。結局のところ、ブナやナラなどの樹種は、何百万年もかけて野生動物から身を守る術を身につけてきた。残念ながら、その能力は著しく低下している。木材の生産性を上げるために、植林が加速し、そのせいで樹木は害虫や嵐や干ばつに耐えられないほど弱ってしまった。それにもかかわらず、林業のやり方は昔と変わらない。林業に森を保護する力がないなら、古株の保護者を呼んでくるしかない。その保護者とはオオカミだ。

環境の守り手としてのオオカミ

ここでオオカミを、森の動物種の守り手としてだけでなく、気候変動に対抗するヒーローとして紹介するのは唐突かもしれない。とはいえ、貴重な動物種のオオカミがドイツの森に戻ってきたことを喜んでいる自分を隠すつもりはない。オオカミは、一九九〇年に絶滅危惧種に認定されて以来、人間の力を借りることなく、自力で故郷に戻ってきた。そのために、政治家と国民がしたことといえば、ただ自然に任せ、オオカミの帰還をそのまま受け入れたことぐらいだろう。私の故郷であるアイフェル地方では、一九世紀末に最後のオオカミが殺された。それはドイツ全土からオオカミが姿を消した時期と重なっている。ところが、二〇〇〇年、約一〇〇年ぶりにドイツに戻ってきたオオカミのつがいが、ザクセン州で子どもをつくったことで、再繁殖のきっかけが生まれた。つまり、南ヨーロッパからドイツ南部へとゆっくり北上したオオカミは、そこから徐々に西へと生息地を広げていったのだ。ドイツでは、二〇二〇年の春に、四三一匹のオオカミの子どもが生まれ、同年末時点で、群れ数は一二八、つがい数は三五、個体数は一〇に達した

〔オオカミはペアと呼ばれる夫婦（つがい）、または、パックと呼ばれる群れをつくって集団生活をする。しかし、子どものオオカミは大人になると、しばらく単独で行動するようになる（いわゆる一匹オオカミになる）。ここでいう「個体数」とは一匹オオカミのこと〕。したがって、なわばり数は一七三になった[75]。

　オオカミはおもにシカやイノシシや家畜などを食べる。ただし、家畜を食べた場合は、新聞に掲載されて悪者扱いされてきた――不当にも。ゲルリッツのゼンケンベルク研究所の調査によると、家畜はオオカミの食料の一パーセント未満にすぎない[76]。しかし、私はここで家畜の所有者を教育したいわけではない。それはすでに前著で行なっている。したがって今回は、オオカミが気候変動対策の要になり得るとする研究結果とその根拠について述べたい。

　その根拠とは、簡単にいうと、オオカミが大型の草食動物を食べるからだ。オオカミの食料の七五パーセント以上を占めるシカとノロジカは、ご存じのとおり植物しか食べない。食べられた植物は消化されるが、その大半は、二酸化炭素と水に分解されて排出される。したがって、大型の草食動物が生息している場所では、多くの植物が食べられてしまうため、植物に蓄積される炭素量も必然的に少なくなる。

　そうはいっても、オオカミがシカとノロジカの生息数を減らせるかどうかは疑わしい。なぜなら、そのためには、物理的に可能な量以上のシカとノロジカを食べなければならないからだ。それは簡単な計算をすればわかる。オオカミの標準的ななわばりの大きさは、そこに棲む獲物の数にもよるが、一〇〇〜三五〇平方キロメートル[77]。では、小さいほうの値、一〇〇平方キロメートルを基準にして考えてみよう。密集した森林地帯では、生息環境の質にもよるが、一平方キロメートル当たり二〇〜七〇頭の大型哺乳類（ノロジカ、シカ、イノシシ）が生息している。したがって、一つのオオカミのなわばり内の生息数は二〇〇〇〜七〇〇〇頭になる。それらの動物は、毎年少なくとも二〇〇〇〜三〇〇〇頭の子どもを産む。これだけ控えめに計算しても、オオカミが大型哺乳類の生息数を減少させるためには、毎日何頭も食べなければならないことがわかるだろう。オオカミはそんなに大食いではない。科学的数値がそれを証明している。ポーランドのビャウォヴィエジャ原生林での調査によると、オオカミに食べられた動物の割合は、春の生息数を基準にすると、シカが一二パーセント、イノシシが六パーセント、ノロジカがわずか三パーセントだった。[78]これに対して、ノロジカの繁殖率は、なんと約五〇パーセント。とはいえ、オオカミが何らかの形で大型哺乳類の生息数に影響をあたえるのは明らかだ。では、その影響はどういった形で現れるのだろうか？

この問いには、まったく別の角度から取り組む必要がある。さまざまな条件下で、地球上の大陸全体の植物の総量を測定すればその答えは見えてくる。オランダのナイメーヘンにあるラドバウド大学のセルウィ・フークス博士率いる研究チームが、まさにその測定を行なった。研究チームは、体重二一キロ以上の大型の捕食者〔他の動物を餌として食べる動物。たとえばオオカミ〕がいなくなったときに、環境がどう変化するかをコンピュータモデルでシミュレーションした。その結果、草食動物の生息数が増加し、植物の総量が大幅に減少することがわかった。これを環境保護の観点から専門的に解釈すると、「大型の捕食者が劇的に減少すると、生態系の二酸化炭素を蓄える能力が著しく低下する」ということになる。

ドイツでは、大型の捕食者の代表といえばオオカミだが、オオカミ以外にも捕食者は存在する。オオヤマネコとヒグマがそうだ。それら三つの動物種を指して三大捕食者と呼んでいいかもしれない。バイエルンの森やハルツ地方には、先のとがった耳が特徴のオオヤマネコが生息する地域がいくつかある。しかし、そうした地域はドイツ全体から見ると例外であるため、オオヤマネコが草食動物の生息数に影響をあたえることはない。オオヤマネコよりも生息数が少ないヒグマはいうまでもないだろう。また、オオカミでさえ、生息に適した地域のすべてをなわばりにしているわけではない。したがって、いつしか大型の捕食者がふたたび活躍する日が来るまでは、コンピュータモデルを使ってシミュレーションし、その影響力を確認するしかない。それでも、オランダの研究チームが発見したことは、非常に興味深い！

彼らの研究によると、大型の捕食者がいなくなると、さまざまな生態系で大きな変化が起こるという。まず、生息数が増えた動物のあいだで病気の発生率が高まり、シカやノロジカなどの大型哺乳類の数が次第に減少する。他者との接触回数が多ければ多いほど、病原体の拡散速度が速くなることは、新型コロナウイルスのパンデミックで私たちも経験済みだ。また、大型の捕食者がいなくなると、植物の総量も減るというが、問題はそれだけではない。ただでさえ気候変動の影響で乱れている生態系の破壊がさらに進んでしまう。

いっぽう、コヨーテやキツネのような小型の捕食者は増えつづける。オオカミなどの捕食者に食べられる可能性がなくなるからだ。また、オオカミがいなくなると、クマのような大型の雑食動物は打撃を受けて生息数を減らす。その理由は、研究チームによると、小型の捕食者の大群が、クマの獲物（腐肉など）の多くを奪ってしまうからだという。それだけでなく、捕食者がいなくなり、大型草食動物が激増すると、クマが植物性の食料を確保できなくなるという。とはいえ、そうしたことは、中央ヨーロッパのような四季の気温差が大きい地域では頻繁に起こらないだろう。なぜなら寒さが厳しい冬季は、植物がほとんど育たず、草食動物の生息数の増加が抑えられるからだ[79]。

ここで、話を林業に戻そう。人工林では、木の成長を早めるために大規模な間伐が行なわれている。間伐が行なわれれば、森の中に日が差すため、ブラックベリーなどの植物が増え、その結果、草食動物の生息数が劇的に増加する。そうした状況では、たとえオオカミが完全に復活したとしても、自然がバランスを取り戻すことは難しいだろう。しかし、それとは逆に、人間が樹木の伐採を減らして、森林面積を拡大し、狩猟目的の餌づけをやめれば、大型の捕食動物がもたらす効果は十二分に発揮されるにちがいない。もし、いつの日か、そうしたことが実現するなら（それに反対する人はいないだろう）、狩猟は不要になるだけでなく、実質的に不可能になるだろう。というのも、間伐や伐採が減れば、森の動物が活動する場は、現在の一〇分の一程度に縮小されるため、狩猟自体が難しくなるからだ。動物の生息密度が下がれば、それに比例して獲物を発見する確率が下がるのは当然だろう。

試行錯誤していろいろとやってみたところで、最終的に行き着く答えは同じである。木材の利用を控え、林業や狩猟による森への介入を減らし、森の再生は森自体に任せること。ところが、政治家は気候変動対策と称して「もっと木材をつかえ！」と叫びつづけている。

木材は本当に環境に優しいのか？

長いあいだ、木材は環境に優しい原料であると見なされてきた。木を伐採して、それを薪にして燃やすと、二酸化炭素が発生する。しかし、循環型林業では、伐採した木があった場所に新しい木を植えれば、問題は解決したと見なされる。植えた木は成長して、最終的には伐採された木が燃やされたときに出したのと同じ量の二酸化炭素を吸収してくれるからだ。そうした古典的なサイクルが繰り返されている。そういうわけで、連邦と州の森林行政機関は、林業界とともに、木材が環境に悪影響をあたえない燃料であることを繰り返し主張している。[80]「どんな木もいずれ枯れて腐っていくだけなら、利用したほうがましではないか？」といった口実までつけ加えている。彼らがいうところの「木が腐る」とは、微生物が木の死骸を食べて、木の中に蓄えられた一生分の二酸化炭素を吐き出すことに他ならない。薪にして燃やしても、微生物に分解させても、結局、二酸化炭素の排出量は同じなら、木が太くなったら伐採して、新しい苗木を植えれば問題はない。そうすれば、「成長と衰退を繰り返す自然のサイクル」が維持されるだけでなく、人類は環境に優しい原料を活用しつづけることができる。結局のところ、木の伐採は、余分な木を切っているだけなので問題はない、というのが一般的な見方になっている。

残念ながら、その考え方は完全に間違っている。もちろん、論理的に考えると、木が燃やされる際に放出する二酸化炭素の量は、生存中に吸収した量を超えることはない。とはいえ、その二酸化炭素は、伐採されなければ炭素の形で木の内部に蓄えられたままだっただろう。木は伐採されずに成長しつづけていたなら、炭素を蓄えつづけ、しかも蓄えるスピードは年々速まっていたはずだ。特に古木は、二酸化炭素を若木より多く吸収する。それは幹の年輪を見るだけでも確認できる。木は毎年、樹皮と幹のあいだに新たな年輪を形成する。新しい年輪の幅は毎年増加し、年齢とともに縮小することはほとんどない。したがって、幹の直径は指数関数的に増加していく。幹の直径が大きくなればなるほど、木の体積も増加するため、それにともない炭素貯蔵量も増加する。木の成長は、通常の収穫年齢（樹齢八〇～一五〇年）を大幅に超えても衰えることはない。ミュンヘン工科大学のハンス・プレッシュ博士によると、ナラとブナは樹齢四五〇年を優に超えてからでないと、成長のスピードが落ちないという[81]。

炭素の貯蔵量は、全長約五〇メートルの大木のほうが、同じ面積に植えられた多くの細い若木よりもはるかに多い。それにもかかわらず、ヨーロッパやカナダでは、絶え間なく伐採と再造林［人工林の伐採跡地に再び苗木を植えて人工林をつくること］が繰り返されている。そのせいで、森には大きな古木がほとんどない。たとえば、ドイツの森の木の平均樹齢はわずか七七年[82]。本来なら、在来種の木は五〇〇年以上生き延びてもおかしくはない。したがって、少なくとも四〇〇年の月日をかけて、森の木に炭素を貯蔵させないかぎり、林業界が主張する「成長と衰退を繰り返す自然のサイクル」は実現しないといえる。それ以前に伐採された木は、自然な炭素貯蔵プロセスを阻害するだけだ。それだけでなく、エバースヴァルデ持続可能開発大学のピエール・イービッシュ教授の研究でも明らかにされたとおり、伐採によりダメージを受けた森林は、大気を冷却する能力と雨量を調整する機能を大幅に失ってしまう。しかも、人工林の木の寿命は、天然林よりも大幅に短い。通常、若木は、親木の陰でゆっくりと成長する（若木時代を何百年も過ごす）場合のみ、四〇〇〜六〇〇年生き延びられる。しかし、人工林のように親木がすぐに伐採されてしまう森には日陰がない。そうした森では、若木は強い日差しの下で、生命エネルギーを急速に消費しながら成長するしかない。したがって、人工林の木は、たとえ伐採を免れたとしても二〇〇〜二五〇年ほどしか生きられない。

イタリアの研究者チームが、ポッリーノ国立公園で、ブナの樹齢の調査を行なった。イタリア南部（イタリア半島を長靴と見なすと、つま先のあたり）にあるポッリーノ国立公園は、広さが約二〇〇〇平方キロメートルもある、ヨーロッパ最大級の自然保護区である。そこにあるブナの原生林には、超高齢のブナが何本もある。最古のブナは「ミケーレ」と（人名で）呼ばれ、研究者が年輪の数を数えたところ、六二二だった。しかし、幹の内部が腐っていたため、最も古い年輪は数えられなかった。したがって、「ミケーレ」の樹齢は、腐っている部分を考慮して、七二五年と推定された。[83] その結果には私も驚かされた。なぜなら、私がこれまでに見たブナの中では、樹齢約三〇〇年が最長だったからだ。

　ポッリーノ国立公園の土壌は非常にやせている、そうした環境下では樹木はゆっくりとしか成長しない。そのおかげで、ブナは寿命を延ばすことができたのだろう。とはいえ、他国にある土壌が肥えた原生林でも、高齢のブナが見つかっている。ルーマニアの環境保護団体によると、カルパティア山脈の奥にある谷間に、樹齢五五〇年のブナが数本あるという。それならば、中央ヨーロッパの森でも、人の手が加えられなければ、ブナは三〇〇年以上生きられるにちがいない。かつてはブナの原生林の生誕の地とも呼ばれたドイツのような国に、ブナの古木がもう一本もないことを思うと、胸が痛む。

　ここで、話を炭素貯蔵に戻そう。古木は何世紀にもわたって体内に炭素を貯蓄し、樹齢四五〇年を超えてもなお貯蓄のスピードを速めている。それならば、樹木を長生きさせない理由はないだろう。森の樹木を弱体化させる伐採はいますぐ禁止されるべきだ。では、「木材はどこから調達すればいいのか」という問題が出てくるが、これについては次章で検討したい。

　伐採が森の機能や能力を低下させているという事実があるにもかかわらず、木材生産者は、木材利用が温暖化防止に役立つことを、大衆に説得しようとしている。彼らの主張の根拠になっているのは、木製品の高い耐久性。つまり、炭素は木造住宅や家具の中にも長期間貯蔵される。そのあいだに、森に苗木を植えれば、それらも徐々に二酸化炭素を吸収するようになるため、森と木製品の両方に炭素が貯蔵されることになる。天然林にただ木を生やしておくよりも、炭素貯蔵量は数倍多くなる。天然林では、枯木が腐ると、蓄えられた炭素がふたたび大気中に放出されるだけで意味がない。どんな木もいつかは枯れる。したがって、天然林に立っているだけの木は、温暖化防止には役立たない、というような意見は、あなたも聞いたことがあるだろう。そうした間違った考えが一般的に広まっているせいで、ほぼすべての森を木材生産用に転換すべきだとする議論が進んでいる。

木材は本当に素晴らしい。私も木製品が大好きだ。たとえば、私の机は、表面に害虫が開けた穴の跡がいくつかあるニレの枯木の板からつくられている。それをつくってくれた家具職人は、私が手で触れても年輪を感じられるよう、机の上を磨いてくれた。本の執筆中にときどき年輪に触れると、集中して考えられるため気に入っている。木材は生きてはいないが、触れると、自然とのつながりを感じることができる。私が木製品をつかうのは、気候変動に対処するためではなく、気分をよくするためだ。ここで、はっきりさせておかなければならないことがある。自然に優しい原料などこの世界には一つもない。程度の差こそあれ、自然に優しくない原料があるだけだ。たとえば、あるパン屋さんが「このパンを食べると地球温暖化防止になりますよ」といって、パンを売っているとする。変な感じがしないだろうか？　木製品をすすめる森林行政機関は、そんなパン屋に似ている。パン屋であれ、森林行政機関であれ、そうした宣伝は真実でないだけでなく、買い手にとっては不要なものだ。生態系に大きなダメージをあたえないかぎり、心から望んで木をつかうことは正しい。しかし、人間の木材利用は限界をとっくに超えてしまっている。

ここで、「耐久性のある木製品のほうが森林よりも炭素をより多く貯蔵できる」とする木材生産者の意見に話を戻そう。仮にすべての木材が耐久性に優れた製品に加工されたとしても、貯蔵された炭素は遅くとも数十年後には大気中に放出されてしまうだろう。ハンブルク大学のアルノ・フリューヴァルト教授が、一般的な木製品の寿命を算出したところ、安い家具は一〇年、本は二五年、住宅の構造材（屋根トラスなど）は七五年だったという。したがって、木製品の平均的な寿命は三三年になり、原生林では何百年も木に炭素が貯蔵されていることを考えると、意味のある長さとはいえない[84]。しかも、加工された木材には大気を冷却する能力も、雨量を調整する機能も備わっていない。

さらに（悪いことに）、木材のほとんどは、加工されることなく、焼却炉や発電所で燃やされている。一年間で燃やされる木の量は、なんと六〇〇〇万立方メートル以上。これはドイツの年間森林伐採量に相当する[85]。また、ドイツでは、それと同じぐらいの量の木材が、住宅建設や製紙などに使用されている。廃材をリサイクルしても木材が足りないため、一部は輸入に頼っている。じつは、そうした厳しい状況に拍車をかけかねないことがいま起こっている。近年ドイツでは、他のヨーロッパ諸国をまねて、石炭火力発電所を木質バイオマス発電所に転換する準備が進められている。たとえば、ヴィルヘルムスハーフェン石炭火力発電所の運営者は、燃料を石炭からペレット（小さなプレス加工された木質ペレット）に転換することを検討しているが、予定されているペレットの年間総消費量は約三〇〇万トン[86]。これは六〇〇〇万本の木に相当する。

ありがたいことに、早くも二〇一八年には、八〇〇人ほどの科学者がＥＵ議会に対して、発電を目的とした木材燃焼は「気候変動対策に逆行し、世界の他の国々に悪い例を示す」として、木質バイオマス発電計画を進めないよう警告している[87]。これまで保守的だった（ユリア・クレックナー大臣率いる）連邦食糧・農業省傘下のチューネン研究所も、木質バイオマス発電については反対の立場を表明し、「森林を保護し、木を伐採しないことが、最善の気候変動対策」とする結論を出している[88]。それにもかかわらず、連邦食糧・農業省は、各州の森林局を通じて、木材燃焼ブームを煽りつづけている。

また、木材利用を目的とした林業は、間接的にも森林の炭素貯蔵量を減少させている。これについては、研究報告が多数ある。皆伐が行なわれる場所では、木の種類にもよるが、一ヘクタール当たり最大五万トンの二酸化炭素が土壌から大気中に放出される。大規模な皆伐は法律上で禁止されているが、最近はキクイムシの襲撃や暴風雨のせいで、何百万、いや、何千万という木が枯れ、あらゆる場所で行なわれている。もちろん、その原因は、成長は早いが、脆弱であるトウヒやマツを植林し、木材を早く多く生産しようとした林業にある。現在、人工林では、伐採するよりも前に、大災害に見舞われ、皆伐が行なわれるケースが増えている。そんな森で、長期的に炭素を貯蔵することは不可能だ。結局のところ、森林の半永久的な炭素貯蔵と積極的な木材利用は相容れない。とはいえ、これは真実のまだ半分でしかない。

森林の炭素循環を理解するためには、土壌に目を向ける必要がある。土壌は気候変動と大きなかかわりがあるが、その中で進行するさまざまなプロセスについての研究は、まだ始まったばかりだ。土壌は地球上で炭素が最も多く貯蔵されている場所であり、その量は地球のすべての植物と大気の総貯蔵量を上回るという[89]。

森林の土壌は特別な条件下にあり、巨大な冷蔵庫のように機能している。大木が並ぶ森の中は、夏でも気温があまり上がらないため、土壌の中の生物はゆっくりとしか活動しない。そのおかげで、厚い腐植土層が形成され、そこに多くの炭素が蓄積されている。ところが、森に陰をつくる樹木が伐採されると、土壌の温度は急激に上昇する。すると、細菌や菌類や土壌生物の活動が盛んになり、自然界の宝とも呼べる腐植土層を猛烈な勢いで食べはじめる。その結果、数年のうちに、腐植土層の大部分が消失してしまう。消失するということは、炭素が二酸化炭素の形で大気中に放出されるということだ。林業がもたらす問題は、統計を見れば明らかだ。間伐が行なわれたドイツの森の腐植土層は、土壌全体の二〜八パーセントと大変薄い。この薄さは草地に匹敵する。通常、草地の腐植土層は四〜一五パーセント[90]で、森林よりも薄い。

オーストラリアの研究者、クリストファー・ディーン博士率いるチームは、大木が土壌の炭素貯蔵に大きくかかわっていることを発見した。土壌の炭素貯蔵を支えるという大木の素晴らしい機能は、長いあいだ、ほとんど見過ごされてきた。その理由は、土壌の炭素貯蔵に関する研究では、これまで、木と木のあいだの土壌がサンプルとしてつかわれてきたからだ。それについては、私も理解できる。土壌のサンプルは、木の真下よりも、木と木のあいだの地面から採取するほうが簡単だからだ。そこで、オーストラリアの研究チームが意を決して、原生林にある太さ一メートル以上のユーカリの古木の下から土壌のサンプルを採取した。すると、木と木のあいだの土壌

より も約四倍多い炭素が検出された。そうした結果をふまえると、林業は、原生林を細い若木からなる人工林に転換したことで、これまでいわれてきたよりもはるかに多くの二酸化炭素を土壌から放出させたことがわかるだろう[91]。

オーストラリアの原生林の研究結果は、他国の森、たとえば、ドイツのブナの天然林にも当てはまるだろうか？　私は当てはまると思う。というのも、古木の下の土壌により多くの炭素が貯蔵されていることは、少し考えればわかるからだ。古木が集まる原生林は、何世紀にもわたり暗闇に包まれていた。土壌は浸食されたり、大きな動物に掘り起こされたりすることはなかった。また、大きな古木の幹の中心部は、不要になるため、ときとともに腐っていく。具体的にいうと、菌類や細菌が傷口や枯れ枝から侵入し、幹の内部を攻撃する。とはいえ、それは古木に害をあたえないどころか、逆にメリットをもたらすことのほうが多い。古木の巨大な幹は、暖炉の排気パイプのように丈夫で、中が空洞になっていても、樹冠を支えることができる。そのおかげで、幹の内部に蓄えられていた栄養分は、分解されて土壌へと放出される。それらは腐植土になり、森の暗闇の中で暑さと浸食から守られて、巨大な金庫のように大量の炭素を貯蔵するようになる。したがって、気候変動を引き起こした私たち人間が、罪のつぐないとして土壌を最高の状態に戻し、地球に新たな炭素の貯蔵庫をもたらすためには、古木が集まる森が必要になる。読者のみなさんなら、もうその必要性に気づいていたかもしれない……。

木材の適切な使用量を把握するためには、森の炭素貯蔵量だけでなく、雨量調整機能と大気冷却能力についても考慮しなければならない。結局のところ、私たちが気候変動について最も心配している点は、大気中の二酸化炭素の量ではなく、それによって引き起こされる気温の上昇と降水量の変化だろう。森林はそれら二つの要素に大きな影響をあたえているため、このまま木の伐採が加速すれば、その影響はすぐに天候に現れることになる。特に、皆伐地の拡大は、近隣地域の気温を上昇させ、数十年後に予測されている最悪のシナリオどおりに気候変動を加速させるおそれがある。つまり、森林ほど、気候変動の原因と結果が見えやすく、それに対して影響力がある場所は他にないのだ。

多くの森が大気を冷却する能力を失っている。その影響は、たとえ植林された木が成長したとしても、将来にわたって続くだろう。人工林では、何十トンもの重量があるハーベスタが、土壌を圧縮しながら走り回っているせいで、二〇メートル間隔で深い轍(わだち)ができている。森の土壌の中にはたくさんの隙間があり、多くの土壌生物が生息しているが、両者は、横幅が三～四メートルもある巨大な重機のタイヤの下敷きになれば、押しつぶされてしまう。ドイツの森林の土壌の五〇パーセント以上が、重機のダメージを受けている。土壌は一度ダメージを受けると、数千年経っても再生されない。たとえば、アイフェル地方の森には、ローマ時代につけられた轍がいまも残っている。そこの土壌はコンクリートのように硬く、貯水能力も著しく低い。通常、冬の雨水は森の土に染みこみ、夏場の木の水分補給に利用される。ところが、土壌の貯水能力が低いと、雨水は小川へ、そして、谷へと流れこみ、洪水を引き起こす。土壌の水分が不足すると、長期的に森林の大気冷却能力が損なわれる。ブナやナラなどの広葉樹が葉の裏の気孔から水を蒸発させなくなるからだ。

したがって、大部分の地域で見られる夏の気温上昇は、林業従事者が森の中で重機を走らせて、土壌の貯水能力を阻害したことが原因の一つであると考えられる。林業機械のほかに、気候に対して間接的に悪影響を及ぼしているものは他にもある。木材利用がそうだ。どんなに美しい木製品がつくられたとしても、木材は問題が非常に多い原料の一つであることを忘れてはならない。

ところが林業界は、林業により森林が破壊されているという事実を無視して、いまもなお森が環境によい影響をあたえていると主張しつづけている。その証拠に、二〇二一年に導入される二酸化炭素税については、その五パーセントを森林所有者への補助金に充てるよう政府に要求している。なんといっても、二酸化炭素を回収し、温暖化防止に大きく貢献しているのは彼らの森なのだから、というわけだ[92]。

もちろん、若木でも炭素は貯蔵できる。人工林でさえ水を浄化する能力がある。しかし、原生林に比べれば、その能力ははるかに低い。林業界は、生態系の炭素貯蔵能力を破壊しておきながら、それを隠してお金までもらおうというのか？　本当なら、森林所有者は、気候変動に対抗する能力を自分の森から奪っているという事実を受け入れて、それに対して賠償金を払ってもいいくらいだ。二酸化炭素税はそういう人間からお金を徴収するために導入されるべきだろう。もちろん、徴収されたお金は、林業界のロビイスト〔圧力団体の利益を政治に反映させるために、政党・議員・官僚などに働きかけることを専門とする人々のこと〕が考えているものとは違うものに投入されるべきだ。

支払いをお願いします

簡単な方法には、幼稚な印象がつきまとう。わかりやすいが、真剣には受け取ってもらえない。これは、私が林業への馬の導入を提案するときに、いつも感じることだ。馬の力を借りて木を倒せば、重機のように土壌にダメージをあたえることはない。さらに、土壌のダメージがもたらすコストを考えれば、馬のほうがはるかに安い。それにもかかわらず、動物をつかった作業はいまだにロマンチックな夢物語と見なされ、コンピュータとレバーで制御できるハーベスタは、森の中のスマホさながら革新的で合理的だともてはやされている。

炭素貯蔵においても、自然からテクノロジーへの移行が進んでいる。その最新技術はCCS（Carbon Captureand Storage）と呼ばれ、二酸化炭素を人工的に回収し、貯留するシステムのことをいう。アメリカのクリーンエネルギー関連企業テスラのイーロン・マスク最高経営責任者は二〇二一年一月、最善の回収技術を発明した人に一億ドルの賞金を出すと発表した。[93] もし木に口があるなら、手、いや、枝を上げて、「私たちは三億年以上前にすでにそれを発明しています。

賞金授与の対象になりますか?」と質問するにちがいない。

　では、ここで、森の能力と最新技術を比較してみよう。最新技術による二酸化炭素の貯留はまだ実験段階にあり、それが理由だからなのか、矛盾だらけに見える。CCSは二酸化炭素を排出して発電し、その電気をつかってふたたび二酸化炭素を回収し、手間暇かけて処理するという変わったシステムである。しかも、そのシステムを導入すれば、エネルギー消費量が最大で四〇パーセントも増加するという。問題はそれだけではない。回収した二酸化炭素はその後どうなるのだろうか?

　CCSの計画のほとんどでは、地中深くにある岩層などに二酸化炭素を貯留する方法がとられている。ところが、科学者の推測によると、貯留された二酸化炭素の六五〜八〇パーセントだけが地中に残り、残りは地表に戻ってしまうという。二酸化炭素が地上へ上昇する際には、塩分を含んだ地下水も一緒に上昇するため、土壌にダメージをあたえることになる[94]。さらに、地下水と深層の土壌は独自の生態系を形成しているため、変化に対して非常に敏感に反応する。したがって、地下水と土壌を二酸化炭素でガス化すると、そこに生息する生物群に計り知れない影響を及ぼすことになる。それに加えて、CCSには莫大なコストもかかる。たとえば、ノルウェーで二年後に実行予定のプロジェクトでは、パイプラインを介して海面下四キロメートルの地中に二酸化炭素を貯留する予定だが、そのコストは貯留量一トン当たり一〇〇ユーロかかるという。

　いっぽう、森は環境に負荷をかけることなく炭素を貯蔵するだけでなく、その他の素晴らしいサービスも無料で提供してくれる。ブナやナラなどの広葉樹林の年間炭素貯蔵量は、二酸化炭素に換算すると一ヘクタール当たり平均一〇トン。つまり、ノルウェーのプロジェクトを実行する代わりに広葉樹林を利用すれば、一ヘクタール当たり年間一〇〇〇ユーロの利益が生まれる。ちなみに、従来型の林業は現在「赤字」続きであり、収穫量が多い年でも、利益は森林一ヘクタール当たり五〇ユーロを超えることはほとんどない。複雑でリスクの高い最新技術ではなく、森の能力に頼れば、生態系は自ずと改善されるだろう。なんといっても二酸化炭素は樹木の主食なのだから。

森の能力を活用した温暖化対策は、シンプルで、ロマンチックすぎると思われてしまうかもしれない。とはいえ、私たち人間が気候変動を加速させつづければ、健康な広葉樹の天然林でさえいつかは絶滅し、木に蓄えられていた炭素はふたたび二酸化炭素として放出されてしまうだろう。もし、そうした事態に陥り、軌道修正が困難になれば、永久凍土と極地の氷河の融解といった問題まで浮上してくるにちがいない。

それは絶対に避けなくてはならない。そのためには、私たち人間が樹木と同盟を結び、正しい道を歩むことを決意する必要がある。そうすれば、「樹木は、人間が放っておきさえすれば、すぐに環境改善に向けて動き出す」という樹木のもう一つの利点が見えてくるだろう。広大な土地を森に変えるプロセスについては、第二部の最後の章「私たちは何を食べているのか？」で紹介する。

では、森の能力を活用した脱温暖化社会は、どうすれば実現可能だろうか？　最もシンプルで、公平かつ有効な手段は、二〇二一年から化石燃料に課せられている二酸化炭素税だろう。そこで、私からの提案——木材も、今後は、二酸化炭素を排出する化石燃料と同じように、環境価値〔二酸化炭素の放出がないなど、環境への負荷が少ないことを表す指標〕に応じて扱われるべきだ。結局のところ、木材は、燃やされれば、石炭よりも悪い影響を環境にあたえる。天然林の大気冷却能力や雨量調整機能を考慮から外したとしても、それは変わらない。また、すぐに燃やされる薪と、家具や家をつくるための木材を区別することも無意味だ。遅かれ早かれ、両者ともに燃やされる運命にあるからだ。

したがって、木材は二酸化炭素税の課税対象になりうる。一立方メートルの木材が燃やされると、約一トンの二酸化炭素が放出される。それならば、石炭や石油から放出される一トンの二酸化炭素と同じように課税されるべきだろう。そうすれば、木材はより高価になり、安価なエコ燃料として発電所で燃やされることはなくなるにちがいない。

樹木は、木材としてではなく、生きた形で生態系の中に残ってこそ、環境によい影響をもたらす。よって、私の二つ目の提案——伐採をやめ、森林を自然のままの状態にしておくことを決めた森林所有者には、伐採をした場合に生じるはずだった税額と同等の額が支払われなくてはならない。

仮に、政治家がこの課税モデルを採用したとすると、木材・木工業界や森林はどう変化するだろうか?

　二酸化炭素税の課税により、木製品の価格が著しく上がることはないだろう。コストのほとんどは材料費ではなく加工時に発生するため、木工業への影響は少ないといえる。また、節約志向が強まり、木材をリサイクルしようという動きが生まれるだろう。課税済みの木材から生じた廃材は、課税の対象にはならないため、安価で売買できる。それとは逆に、薪は高価になるだろう。二酸化炭素一トン当たり五五ユーロが課税されるとすると、薪の価格は、加工方法にもよるが、平均して五〇パーセントも値上がりし、他の燃料より安いとはいえなくなる。たまに薪ストーブを焚いて、ワインを片手にくつろぐだけの人なら、気候変動対策費として一ユーロ余分に払うことに抵抗はないかもしれない。ただし、家全体を薪ストーブであたためる意味はなくなる。

　いっぽう、都市周辺にある人工林では、市場とは真逆のことが起こるにちがいない。そこでは、頻繁に伐採が行なわれているため、課税の影響がすぐに現れる。そんな状態でもなお、瀕死の針葉樹林の皆伐は続けられるのだろうか? 仮にそうなったとしても、木材が市場に出回りすぎて、製材所が木材価格の下落に耐えられなくなれば、森林所有者は伐採をやめ、森を休ませざるをえなくなるだろう。伐採をやめれば、森林一立方メートル当たり五五ユーロが支給されるため、それは悪い選択ではない。ちなみに、ドイツの二酸化炭素税は、産業界の一部から要求されているように、長期的に見ると、一トン当たり一〇〇ユーロにまで引き上げられる可能性が高い。スウェーデンの二酸化炭素税は、すでにそのレベルに達している[95]。

　木材を二酸化炭素税の対象に含めるなら、森林所有者に課す税金と補償金の額はもっと引き上げてもいいだろう。というのも、木材は地中深くの岩層の中に閉じこめられているだけの化石燃料と同じく、大気を冷却する能力も雨量を調整する機能もないからだ。気候変動に関する一般的な議論の場では、森林は炭素の貯蔵庫と見なされている。しかし、最近の研究では、森林の雨量調整機能のほうが炭素貯蔵能力よりもはるかに重要であるという見方が増えている(96)。

また、森林を木材生産のために利用することで、多くの生物の生息地が失われている。そうした事実が無視され、政治的な決定に反映されないのは非常に残念なことだと思う。

一刻も早く状況を改善するためには、木材を二酸化炭素税の対象にするしかない。しかし、そう簡単に実現できるだろうか？　課税だけでなく、伐採をやめた森林所有者に補助金まで支払うことになると、行政側の事務負担が急激に増加して混乱を招くだろうか？　必要以上に厳密に考えなければ、必ずしもそうとはかぎらない。広葉樹林であれ、トウヒの人工林であれ、一年間伐採をあきらめた森林所有者は、年税額の全国平均値を森林一ヘクタールごとに受け取ることにしてはどうだろうか？　確かに、特に素晴らしい森をもっている人にとっては不公平かもしれない。しかし、規制はシンプルでわかりやすいほうがいい。そうでないと、「抜け道が多すぎる」という状況を引き起こしかねない。これは逆にいうと、どんな森林所有者であれ、木を伐採して森林の炭素貯蔵量を減らした時点で、税金の支払いが生じるということである。どの森林が正しく課税され、不正に補助金を受け取っているかは、衛星画像で確認すればわかるだろう。

私は、木材に対する二酸化炭素税の導入が森林保護の強化につながると確信している。とはいえ、税制度を導入するだけでは、森の本当の価値は見えてこないだろう。ボストン・コンサルティング・グループ（世界最大級の経営コンサルタント会社）は、森林にどれほどの価値があるかを計算した。それにより、木材生産よりも、気候変動対策にかかわる価値のほうが高いことがわかった。世界のすべての森が有する能力を科学技術とみなし、それを経済的価値に置き換えると、なんと一五〇兆ドルにもなるという。ちなみに、世界の上場企業の時価総額は八七兆ドルにすぎない[97]。

この結果を見れば、林業の大幅な縮小と木材消費の大幅な抑制が正しい道であることがわかるだろう。それにもかかわらず、林業界は伐採の拡大をあきらめない。新型コロナウイルスのパンデミックの最中に、トイレットペーパーという新たな口実を見つけてほくそ笑んでいる。

トイレットペーパー論

「それなら、いったいどこから木材を調達すればいいのか？」私はこうした質問を、森林保護をテーマにした会議に参加するたびに浴びせられ、うんざりしている。木の伐採量を減らして、森林保護区を増やせば、木材の供給量は減少してしまう。すると、輸入木材が増えて、怪しげな出所の木材が市場に出回るにちがいない。そんなことになるくらいなら、国内の森林保護区を最小限度にとどめて模範的に管理されているドイツの森林から木材を調達するほうがましだ、という意見がある。ところが、ご存じのとおり、ドイツ産の木材でさえ、環境に優しいとはいえない条件下で生産されているのだ。

経済界で、木の伐採量の増加を求める動きが盛んだが、その背景には、社会の木材に対する飢餓感がある。特にドイツでその傾向が強い。その飢餓感は、政治的に意図されたものであり、特に（自ら木材を販売する）森林行政機関や連邦食糧・農業省が長年にわたって煽ってきたものである。二〇一二年、同省はプレスリリースで、一人当たりの年間木材消費量が、一九九七年より二〇パーセント増えて、一・三立方メートルになったことを誇らしげに発表した。[98] これを国全体の年間木材消費量に換算すると約一億八〇〇〇万立方メートル。ただし、実際の消費量はそれよりもはるかに多く、現在では一億二〇〇〇万～一億五〇〇〇万立方メートルに達しているとの情報もある。情報源により数値が異なるのは、数百万区域にわけられている私有林の伐採量が体系的に記録されていないためである。それだけでなく、輸入されたり、輸出されたり、廃材として燃やされたり、リサイクルされて紙になるなど、木材の流通は複雑で全体像が把握しにくい。唯一明らかなことは、干ばつが起こる以前の国産木材の生産量の約二倍を、現代人は消費しているということだ。現在の森林の木材生産能力ははっきりとはわからないが、いずれにせよ、以前に比べれば劇的に低下しているにちがいない。そうした状況で、これまでどおりに伐採を続ければ、近々多くの森林が完全に崩壊してしまうだろう。林業界はジレンマに陥っている。

ドイツの森林行政機関は、法律で森林を保護することが義務づけられているにもかかわらず自らが招いた木材不足を、自然保護区を破壊することで補塡しようと試みている。彼らが口にする怪しい口実の中で特によく耳にするのが、「国内のブナの天然林を保護すれば、熱帯雨林など海外の森から木材を輸入しなければならない。ドイツの自然保護区を守るために、他国の自然保護区を破壊しようというのか？」というものだ。ところが、事実はそうではない。世界の林業の手本になったドイツの林業界が、「森林利用は森林保護につながるので、いかなる森も自然のままの状態にしておく必要はない」と主張しているために、ルーマニアをはじめとする他国もドイツにならって森林利用を増やしている。「人工林のほうがより健全なら、自然保護区を守る必要などあるだろうか？」というわけだ。しかし、木を伐採しても森が健康にならないことは素人が見てもわかる。そんな中、林業界は最高の口実を見つけた。それが、トイレットペーパーだ。

新型コロナウイルスのパンデミックをきっかけに、トイレットペーパーの重要性が浮き彫りになった。二〇二〇年の春、ドイツ国民は、スーパーが品薄になることを恐れてトイレットペーパーを買い占めた。トイレットペーパーは、おもにトウヒやマツやユーカリなどの植林木を原料とした木質繊維からつくられている。シラカバとブナも原料にはなるだろう。しかし、ここで注目していただきたいのは、トイレットペーパーの原料は、伐採された木であるということ。したがって、トイレットペーパーを生産しつづけるかぎり、森林を守ることはできない。それにもかかわらず、人々の心の中では、森を失う恐怖よりもトイレットペーパーを失う恐怖のほうがはるかに大きいように見える。

トイレットペーパーを、家や家具や本をつくるための木材と同じものだと考えれば、どれほど私たちが森林を破壊しているかが（ああ、これを書いている私自身も罪悪感を覚える）明らかになるだろう。それとは逆に、森林保護をいまより強化すれば、私たちのトイレ文化は危機に瀕するおそれがある。森林行政機関のプロ集団が、国民の原始的な恐怖心を煽ることができるのは、私たちの純粋な理性が「何かが間違っている」という警告を発しつづけているからだろう。林業界は、これまでのやり方にしがみつくためには手段を選ばない。だが、彼らは木材需要の拡大と植林に熱中するあまりに、近い将来、木材生産量が大幅に減少する可能性が高いことを完全に見落としている。干ばつのせいで枯れた人工林の木がすべて伐採され、木材市場で売られると、華やかなパーティーはすぐに終わりを迎えるだろう。皆伐地に新しく植林された木が、収穫可能なほど成長するまでには、少なくとも数十年はかかる。しかも、ドイツでは、森林面積の五〇パーセント以上が針葉樹の人工林であるため、今後五年から一〇年のあいだに、さらに大量の木が枯れるおそれがある。枯れた木が、木材として大量に市場に出回ったあとは、深刻な木材不足が発生するにちがいない。そこで後悔しても後の祭りだ。そうなる前に、森を再生させれば、より安定した森林が生まれ、それが長期的に林業にも利益をもたらしてくれるだろう。

人間が今後も木材を利用しつづけることは間違いない。木材は、人間にとって最も自然な原料だからだ。しかし、残念ながら、木材は多くの人が思っているほど自然に優しくはない。また、資源に飢えている現代社会の需要を満たすほど大量にはない。私たちは、家具や紙などの木製品を購入する際はそのことを念頭に置き、資源をより大切に扱うことを学ばなくてはならない。

木材供給の問題を解決するためには、これまでとはまったく違ったアプローチが必要になるだろう。林業界は、木材供給量を現代人の資源に対する飢餓感に合わせようと試みているが、それがうまくいくはずがないことはいうまでもない。それなら、逆にこう考えてみてはどうだろう。現在の森林にはどれだけの木材を供給する力が残されているだろうか？　森の生態系の機能を保護するためには、林業による森への介入と伐採をどれくらい制限しなくてはならないだろうか？

この質問に対する答えは、残念ながら「わからない」としかいえない。なぜなら、林業におけるすべての予測は、樹木の成長が予測可能であることを前提としているからだ。これまで、森林管理官は、いわゆる「収穫表」をつかって林業計画を立ててきた。「収穫表」とは、研究者が地域と樹種が異なる複数の人工林の木の成長量を長期間測定し、その結果をもとに作成した予測表である。森林所有者は、その表を見れば、針葉樹林であれ、広葉樹林であれ、一ヘクタール当たりの年間木材生産量を読み取れるようになっている。

これまで、森林所有者は、森林面積を一度測定したあとは、何十年にもわたってこの「収穫表」をたよりに森林計画を立ててきた。しかし、二〇〇〇年以降、「収穫表」に記載されているよりも木の成長量が増えていることがわかった。その増加率は一〇～三〇パーセント。自動車の排ガスや農地から発生するガスに含まれる窒素酸化物が森林に到達して莫大な量の肥料と化していることがその原因だという。その弊害はいまだにとりのぞかれていない。急激な木の成長が弊害になるって？　もちろんだ。本来、樹木には、ゆっくりと成長してエネルギーを慎重に分配する性質がある。ちなみに、木はエネルギーを幹と枝と葉だけに分配するのではなく、免疫力を高めるためにつかったり、仲間の木にメッセージを伝えてくれる土壌中の菌類にもわけあたえたりしている〔『樹木たちの知られざる生活』を参照〕。

昔の樹木は、大気中の窒素酸化物を、一平方キロメートル当たり年間最大で五〇キログラム吸収していた。この値はかなり低い。そのため、肥料としての効果もわずかしかなかった。ところが、現代では、人間の活動が変化したせいで、この値は最大五〇〇〇キログラム、つまり一〇〇倍増加した[99]。

窒素酸化物にはドーピングに似た効果があり、それを吸収した木は健康的なレベルを超えて成長してしまう。そのため、「収穫表」に記載の年間伐採許容量は上方修正され、市場に出回る木材の量は次第に増加していった。しかし、そんな夢のような状態も長くは続かなかった。樹木がそれを拒んだからだ。窒素酸化物の吸収量が増えつづけると、木の成長はふたたび鈍くなった。養分のバランスが崩れたため、木自身が成長に歯止めをかけたのだ(100)。

窒素酸化物の排出量は、自動車からは減少する傾向にあるが、農地からは増加しつづけている。農地ではとりわけ、水肥を散布する際に大気中に放出されるガスに多くの窒素酸化物が含まれている。そのガスは、天然の肥料となり、森の土壌をどんどん豊かにしていく。その結果、木の成長だけでなく、地面に生える植物も変化している。たとえば、イラクサやセイヨウニワトコやブラックベリーなどが、控えめな性格の植物や若木を押しのけて堂々と森の土壌にはびこっている。

窒素酸化物の影響と気候変動によるストレスのせいで、森の状態はさらに悪化している。いまでは「収穫表」も役に立たなくなってしまった。猛暑と干ばつが重なると、樹木は成長の速度を落とすだけでなく、何週間も活動を停止してしまうからだ。

暑さや乾燥が厳しいと、樹木は葉の裏にある気孔を閉じたり、葉を落としたりして、身を守ろうとする。いずれの場合も、光合成ができなくなるため、成長は停止する。したがって、現代では、健康な森であっても、将来どれだけの木が育つかは予測不可能な状態である。森がそんな状態であるにもかかわらず、木材の消費量をさらに増やそうとする人は、単なる無責任といっていい。

では、トイレットペーパーの利用についてはどうだろうか？　いうまでもなく、再生紙の利用は促進されるべきだろう。とはいえ、トイレ業界においても、技術の発展が目覚ましい。ウォシュレットやドライヤーがついたトイレが開発されている。私はまだそれらを試したことはないが、もし森林がトイレットペーパーの原料を十分に供給できなくなったら、最新のトイレを設置し、紙の使用は本だけにとどめたいと思う。

ここまで事実が明るみになっても、伝統に固執する林業界は、自分たちのやり方を変えようとしない。これまでは、木材生産量が不足しても、国が用意したお金でそれを補塡してきた。国が補助金を出せば出すほど、林業界は潤った。じつは、現在、林業界は最も多くの恩恵を受けている。

お金は増えるが、森は減る

森林は二度目の危機を迎えている。一度目は一九八〇年代。酸性雨が地球の「緑の肺」と呼ばれる森林を脅かしたとき、私の心は不安でいっぱいだった。一九八三年、大学で林業を学ぶ前にその業界でインターンシップを開始した私は、森林管理官という職を目指すべきかどうか決めかねていた。というのも、当時、テレビで放映されていたドキュメンタリー番組で映し出される映像といえば、木が枯れて、辺り一面茶色になった森の陰気な様子ばかり。そのままいけば、遅くとも二〇〇〇年には、ヨーロッパのほとんどの地域から森林は消えてしまうといわれていた。そうならなかったのは、大々的に公表された被害予測がはずれていたわけではなく、むしろその逆だった。危機感に満ちた報告は、政治を動かし、産業界では排気ガスから硫黄成分を除去する技術が開発され、また、自動車には触媒コンバーターを設置することが義務づけられた。そのおかげで、森林破壊はひとまず食い止められた。その前代未聞の環境保護政策の成功は、残念ながら、忘れられつつある。いまこそ、私たちは森が、いや、地球の未来が危機に瀕したときには何ができるのかを、思い出さなければならない。

二〇一八年以降、森林破壊はふたたび加速している。ドイツでは、数千平方キロメートルもの人工林のトウヒが葉を落とし、すぐに「森林破壊二・〇」という言葉が生まれた。二一世紀の森林破壊は二〇世紀のものよりもスピードが速いため、被害はより明確だ。努力しても、目に見える被害すら隠しきれないというレベルにまで達している。

では、被害を比較してみよう。一度目の森林破壊では、森林だけでなく林業も被害を受けた。というのも、植林による森の弱体化や、重機の使用による土壌のダメージがあったとはいえ、樹木の葉が枯れる根本的な原因は、産業や自動車から排出される大気汚染物質だったからだ。それだけでなく、雨水に含まれる酸が、養分を蓄えるために重要な役割を果たす土壌の最小構成要素である粘土鉱物を分解したため、森の土壌は修復不可能と思われるほどダメージを受けていた。したがって、林業のイメージは損なわれることなく、むしろ、森林破壊というドラマの中で美化されていった。

ところが、今回の森林破壊は違う。外部からの脅威、つまり、世界全体の環境の変化により森林が枯れているという点は以前の森林破壊と似ている。しかし、明らかな違いは、人工林が真っ先に被害を受け、その被害は特にトウヒやマツといった外来種の針葉樹が育つ人工林で顕著である点だ。広葉樹のブナやナラが育つ人工林では、間伐（または伐採）が頻繁に行なわれた場所のみ、被害が大きい。いっぽう、広大な自然保護区にある広葉樹は、気候の変化に非常にうまく対応している。

複数の森を比較すると、従来型の林業が生態系を弱体化したことが、被害の根本的原因であることがわかる。気候変動は、すでに不安定な状態にあった林業システムを、最終的な崩壊へと導いている。林業界の中には、若者向けの「フライデー・フォー・フューチャー（スウェーデンの環境活動家グレタ・トゥーンベリが行なった気候変動に関する呼びかけに、世界中の人々が賛同して始められた国際的な草の根運動）」を大胆にコピーした「フォレスターズ・フォー・フューチャー」というミニ森林保護運動に参加している人もいるが、何の役にも立っていない。実際は森林を破壊している林業従事者が、それを隠して森の危機的状態を報告し、森林保護の必要性を説いたところで説得力はまったくないからだ。

とはいえ、現状を厳密にいいあらわすと、森林は破壊されているのではなく、木だけが枯れている状態である。生態系自体はまだ機能している。先に紹介したトロイエンブリーツェンの森林火災の跡地がそれを証明している。世界的に見ても、人が介入しない森は健全で、すぐに新しい木が生えてくる。森は、皆伐が行なわれ、夏の炎天下で地面が熱せられ、林業重機の轍のせいで土壌が硬くなり、腐植土が消失した状態になって初めて死ぬ。ところが、皆伐のために投入される国家予算が、森林行政機関の責任者たちが皆伐を取りやめるのを妨げている。彼らは、森は本来の調整機能を失い、自分たちだけがそれを補うことができると考えている。温暖化のせいで皆伐が増加している中、国が森林行政機関に対する金銭的援助を強化するのは当然だと思いこんでいる。

ここで、国民のみなさんに質問したい。健康で、気候変動に強い森林を取り戻すという難しい課題に対処するためには、いったいどうすればいいだろうか？

連邦政府は二〇二〇年だけで森林保護という名目で五億ユーロ以上の国費を投入したが[101]、林業界は、そんな金額は大海の一滴にすぎず、まったく十分ではないと主張している。それは本当だろうか？　それとも、事実はその逆で、まさにその一滴のせいで樽の水があふれてしまったのではないだろうか？　いま、林業界に流れこんでいる巨額の資金は、おもに植林、つまり新しい人工林づくりにつかわれている。そうした資金援助が、経済的に見合わず、逆に国費の無駄遣いになることは、トロイエンブリーツェンの森林火災の例を見ればすぐにわかるだろう。つまり、数億ユーロの国費投入は、援助がなければ崩壊してしまうような、病的で不自然な林業システムを支えているだけなのだ。木材生産に固執する現在の林業システムは、再造林が行なわれた森をむしろ不安定にし、樹木の死を早めている。

政府が掲げるすべての森林再生プログラムは、森林保護とはまったく別のことを目的としているように私には見える。森林行政機関は、自分たちが引き起こした問題を、少なくともうわべだけ消し去ろうと、多大な費用をかけて努力しているが、樹木と森全体の大きさを考えればわかるように、それは不可能だ。いま、林業界全体にとって必要なことは、失敗の程度をごまかすことではなく、自分たちの過ちを直視することだろう。もちろん、手間暇かけて育てた森林が干からびたり、虫に食われたりするのを見たくないという心情は私にも理解できる。一九九〇年代に、森林管理官として一緒に働いていた同僚は、何度かの嵐で、自分が管理する森の木が、数千平方メートルにわたりすべて根こそぎ倒され、何十年も再生不可能になったことにショックを受け、早期退職してしまった。当時すでに針葉樹の植林が盛んで、できるだけ早く伐採し、すぐに再造林するのがスタンダードになっていた。

どんな苦い経験も、実際にそうなるかどうかは別として、「喉元過ぎれば熱さ忘れる」であってほしいと願うのが人間の本望だろう。それは、失敗を隠したいという願望ではなく、目に見える不都合なものを取り除くか、少なくとも軽減したいという人間の根源的な欲求の現れである。したがって、林業界への国家予算の投入は、人間が自然を修復できないことを本当は知っていながら、あえて行なわれている本能的な修復の試みであると考えていい。それを支えているのは、「さあ、すべてを白紙に戻して、森を一からつくり直そう」という開き直った考えだ。そういうわけで、前章で説明したとおり、林業界は現在、皆伐地の再造林に最も適した「スーパーツリー」を探している。植林さえすれば、皆伐地はふたたび森になるという考えが、林業界ではまかり通っているため、森林破壊の問題は、業界内では解決済みとさえ見なされている。

さらなる問題は、ドイツの林業が引き起こした森林被害が、多額の経済的負担を生んでいる、いや、正確にいうと、無理やり処理されていることだ。枯れたトウヒを買おうとする製材所はほとんどない。そうした木の幹は、通常、菌類や害虫に襲われ、色が変わったり、穴が開いたりしている。欠陥がある木材でつくられた板や家具や屋根の梁を誰が買いたいと思うだろうか？　現在、木材の価格が急激に下落し、木材販売による収益が、伐採と木の運搬と加工にかかるコストを補いきれなくなったのも無理はない。

菌類や害虫の被害を受けて伐採された木はすべて、林業の失敗の象徴といっていい。とはいえ、被害にあった木は伐採されずに、そのまま森の中に残されていたなら、無数の微生物の住処となり、水を蓄え、森が大気を冷却する能力を支えていただろう。そして、数十年後には、腐って腐植土になり、何世紀にもわたって土壌の生態系を豊かにしたことだろう。こうした生態学的な見方は、今も昔も、政治家や官僚にはほとんど理解されない。もし彼らが理解していたなら、枯木（政治家や官僚は貴重な生物資源をこう呼ぶ）を伐採するだけのために、わざわざ国費を投入したりしないだろう。

では、森からいったん出て、林業会社の事務所に入り、木材の供給過多がどんな問題を引き起こしているか見てみよう。毎年、ドイツでは約二八〇〇万立方メートルのトウヒの丸太が加工されている。[102] トウヒの丸太は比較的よく売れるため、収穫コストを差し引いても、一立方メートル当たり約六〇ユーロの利益が見こまれる。夏場の製材所では、木材が数週間たらずで腐ることからもわかるように、新鮮な木材のほうが価値は当然高い。

公式発表によると、二〇一八年から二〇二〇年までの三年間で一億七八〇〇万立方メートルもの「訳（わけ）あり木材」が出荷されていて、そのほとんどが、菌類や害虫に襲われたトウヒからつくられた木材である。したがって、価格が急落し、下げ止まりしているのも無理はない。つまり、森林所有者は現在、伐採費だけでなく、木材価格の下落の埋め合わせまでしなければならない状況に陥っている。そこで、通常、森林所有者がすることは、給付金を求めて森林局に泣きつくこと。そのせいで、給付金の垂れ流しが起こっている。州や地域により多少の違いはあるが、一立方メートル当たり最大三〇ユーロが州から支払われている。[103] その金額は、伐採と丸太を生産する際にかかるコストのほぼ全額に相当する。このようにして、森林行政機関は、木材市場が供給過多に陥っているにもかかわらず、森にとって貴重な生物資源である木の伐採を加速させている。

しかし、木材の供給過多には、ある意味でプラスの効果もあった。中国のバイヤーがドイツの木材市場の変化に気づいたのだ。ドイツ産の太い丸太が超低価格で手に入るこのチャンスを見逃してなるものか！　そんなわけで、何千ものコンテナ船がドイツの港から極東へ向けて出発した。私は、カナダのブリティッシュ・コロンビア州のクウィアカ先住民族の管理者であるフランク・ヴォルカー氏と電話で話している際に、ドイツ産の「訳あり木材」が世界にあたえる影響を痛感した。フランクがいうには、先住民が住む特別居留地では伐採につかわれるチェーンソーが何カ月も放置されているという。なぜなら、カナダの林業会社は、ドイツ産の「訳あり木材」よりも安く木材を売ることができないからだ。とはいえ、ドイツ産の木材のおかげで、太平洋沿岸の森林は、しばらくのあいだ休息できるだろう。

公には、森林所有者に支払われている補助金の大部分は、キクイムシに襲われた木の伐採にはつかわれていないとされている。補助金はあくまで森林再生を目的としているというのが理由だが、実際は、補助金申請者には、被害木を伐採し、販売するかどうかにかかわらず、一律の補助金が支給されている。具体的にいうと、一平方キロメートル当たり約一万ユーロ以上が支払われている。ドイツの農業界は、補助金の垂れ流しにより間違った方向へ向かっているといわれているが、ついに、林業界も同じ過ちをおかしつつある。[104]

林業界の最強のロビー団体〔政府の政策に影響を及ぼすことを目的としてつくられた政治的利益集団〕であるドイツ森林所有者協会連合（ＡＧＤＷ[105]）は、ユリア・クレックナー連邦食糧・農業省大臣に働きかけて、補助金制度の導入を見事に成しとげた。ＡＧＤＷの会長は、ドイツ・キリスト教民主同盟（ＣＤＵ）の連邦議会議員ハンス＝ゲオルグ・フォン・デア・マルヴィッツで、*abgeordnetenwatch.de*〔ドイツ国民が連邦議会議員に公に質問できるウェブサイト〕によると、二〇二一年には副収入の多い連邦議会議員ランキングで二位になっている。[106]伝統的な林業を推奨するＡＧＤＷは、過去には農業者連盟と共同で殺虫剤の使用禁止に反対したこともあるほど自己中心的な組織である。[107]

ＡＧＤＷは、各州の森林連盟を介して、林業にかかわる個人だけでなく、連邦と州と自治体の森林行政機関の意見を代弁する役割を担っている。つまり、森林行政機関は、民間団体を介して、連邦政府の補助金政策に間接的に影響を及ぼしている。補助金の分配は、連邦食糧・農業省から委任された民間団体である再生可能資源局が行なっている。この機関は、一九九三年に連邦政府により設立され、補助金政策の調整と管理を担当している。また、木質バイオマス発電を含む「再生可能な資源」に関する最新の情報を収集し、それを公開している。[108]それだけでなく、多くの科学者が指摘する木材燃焼が気候に悪影響をあたえるという事実を完全に無視し、木材を利用した発電や暖房は二酸化炭素の排出量が実質ゼロであるとウェブサイト上で明示している。[109]

再生可能資源局に所属するメンバーは、当然のことながら、連邦食糧・農業省や木材製造・林業界やその他の国家機関の関係者だ。[110]一言でいうと、そこは、ある種のセルフサービス型補助金ショップだ。要求を文章にまとめたら、多数決で可決し、調達した資金は（メンバーの幸せという名目で）自分たちが好きなように分配できるというシステム。

こうした補助金制度は森林保護とは一切関係がない。補助金を受け取る条件として法的義務を順守する必要もほとんどない。PEFC森林認証〔持続可能な森林管理の促進を目指す森林認証制度。基準を満たした森のみ認証される〕のようなものである。この認証は、法的要求の枠を超えておらず、コストもほとんどかからない。認証申請を考えている森林所有者に、何らかの義務が課されるわけでもない[111]。したがって、ドイツのほとんどの林業会社がこの認証マークを振りかざしている。しかも、彼らは簡単に認証を得られただけでなく、多額の報酬金まで受け取っている。それは「持続可能性プレミアム」という大げさな名前のついた報奨金であり、受給者はそのお金で新しい車を買おうが、リビングルームをリフォームしようが、とがめられることはない[112]。「持続可能性プレミアム」は、連邦議会でほとんど議論されることなく可決されてしまった。それは、この報奨金制度が「農業生産物教育プログラム法」の付属事項として成立したことと関係している[113]。変わった名前のこの法律の主な目的は、小学生に野菜や果物を配り、食育を推進することである。この法律については、深夜に国会でほんの少し議論されたが、反対意見を述べたのは緑の党と自由民主党（FDP）の二人の議員だけだった。

ここで、誤解しないでいただきたい。私は森林所有者を経済的に支援することには賛成している。ただし、林業界が農業界と同じ過ちを繰り返すことだけは避けたいと思っている。農業界では、農業者が順守すべき環境基準はほとんどなく、ただ補助金により農家の収入の多くがまかなわれている。しかし本来、補助金は、生態系の再生に貢献し、地域社会に本当の意味で利益をもたらす農業者や林業者だけに支払われるべきだろう。

補助金というよりは、お金が森の危機的状況を悪化させている。その証拠に、多くの自治体と連邦と州の森林行政機関は、「森林」が関係者に多額の収益をもたらし、余剰金まで発生させるといまだに信じている。

残念ながら、林業は、農業のようにうまく循環しやすいシステムではない。なぜなら、キクイムシの襲撃や暴風雨などの自然災害が、定期的に木材市場を揺るがすからだ。災害が起こると「訳あり木材」が大量に市場に出回るため、価格が暴落し、自治体をはじめとする森林所有者の財政が悪化する。特に被害を受けやすいのが、人工林にあるトウヒとマツであるが、被害木は伐採されても買い手がほとんどいない。そこで、賢い森林管理官は、気候変動の影響を受けにくい広葉樹の天然林の木を一部伐採して、その場をしのぐ。巨大なナラやブナは市場価値が高い。じつは、そんな森林管理官の判断が最悪の結果を招いている。生態学的に最も安定している広葉樹の天然林が、いまでは伐採により大きなダメージを受けているのだ。

伐採により日陰を失った天然林の古木は、幹に当たる直射日光のせいで苦しんでいる。特に、樹皮が滑らかで繊細なブナは、日焼けしやすい。樹皮が剝がれて過敏な木質部が露わになると、すぐに菌類や細菌が繁殖してしまう。すると、巨木の運命はそこで決定し、数年後には死を迎える。現代では、燃え盛る火のように、針葉樹の人工林と広葉樹の天然林の破壊が同時進行している。ただし、両者には決定的な違いがある。人工林の木は夏の暑さのせいで枯れ、天然林の木はチェーンソーのせいで枯れている。したがって、天然林での伐採は直ちに禁止されなくてはならない。

ところが、森林がこうした状況に陥ってもなお、疑わしい方法で自然保護区の拡大を阻止しようと試みている科学者がいる。

ぐらつく象牙の塔

トビアスは激怒した。息子は森林アカデミーのオフィスで、五月の新緑をたたえたブナ林の大きな写真を背にして座っていた。いっぽう、コンピュータの画面には、イエナのマックス・プランク生物地球化学研究所の科学論文の最新の数字が並んでいた。[114]この研究所の評判は、その名が知られていることからもわかるとおり、これまでは大変よかった。特に、植物による炭素貯蔵についてては、興味深い研究が開始されていて、それについては私もよく拙書の中で引用している。しかし、今回発表された論文は、数字、いや、内容全体に明らかに問題があった。その論文は、エルンスト＝デトレフ・シュルツェ名誉教授が、彼の古巣である研究所のためにふたたびペンをとり、共同執筆者を募って作成したものだった。共同執筆者の中には、当時（二〇二〇年二月）、連邦食糧・農業省の連邦森林政策科学諮問委員会の委員長を務めていたヘルマン・スペルマン教授もいた。両者はともに、連邦政府の森林政策に大きな影響をあたえているといわれている。

論文を書いた研究者たちは、森林を自然保護区にするよりも、木を伐採して燃やし、発電のために利用したほうが気候変動対策になると結論づけた。連邦森林政策科学諮問委員会も、この結論を検証し、支持している。[115] いったい何が起こったのか？　アマゾンの熱帯雨林は、南米全体だけでなく、世界全体の気候を調整している。エバースヴァルデ持続可能開発大学の気候研究でも、広葉樹の天然林の大気冷却効果が非常に高いことが報告されていたではないか。シュルツェ名誉教授は、二〇〇八年に世界的に有名な科学誌『ネイチャー』に、森林が炭素貯蔵庫として高い可能性を秘めているという研究結果を発表し、世界的な注目を集めた。[116] それなのに！

シュルツェ名誉教授は研究所のプレスリリースで、「化石燃料の燃焼に対して課される二酸化炭素税は、持続可能な木材生産を促進させるために活用されるべきだ。そうすれば、気候変動対策を最大限後押しすることができる」という文章を公開している。つまり、教授は、木材を燃やすことが気候に優しいことを科学的に証明するだけでは不十分で、税金というボーナスまで要求しているのだ。石油王が、ガソリンを燃やすために国からの補助金を要求する姿を想像できるだろうか。教授は石油王ではないが、この想像はそれほど突飛なものではないだろう。というのも、教授は、ドイツの二つの林業会社の代表取締役を務めるなど、森林経営に積極的に取り組んでいるからだ。特に、私は彼のルーマニアでの活動を批判的に見ている。マックス・プランク研究所のホームページによると、現地の林業会社の副社長まで務めているという。[117]

東ヨーロッパにあるカルパティア山脈には、地球に残された数少ないブナの原生林の一つがある。ところが、そのブナの原生林は、林業界にもてあそばれ、アマゾンの熱帯雨林と同じような運命をたどっている。ドイツと同じように、ルーマニアでも、あらゆることを口実にして、古い巨木が未来のない木として無残に伐採されている。たとえば、キクイムシに侵された木は、「病（やまい）」が森全体に広がらないよう早急に除去すべきだという意見がある。同じような意見は、ドイツやスウェーデンやポーランドなどの森林行政機関でも聞かれる。そのため、害虫対策としての伐採は「予防的伐採」と呼ばれ、ポジティブに受け止められている。ところが、そうした伐採が予想以上に増え、それを口実にして、伐採を拡大する林業従事者が増えている。

ルーマニアのブナの原生林の中にも、古木を伐採するために、山奥の谷間にブルドーザー専用の通路がつくられている。そこへは、チェーンソーで切り倒された木が次々と運ばれている。結局、環境保護の先進地域と呼ばれるEUの真ん中でも、アマゾンの熱帯雨林と何ひとつ変わらないことが行なわれているのだ。

ルーマニアは現在、ヨーロッパ最大の林業大国のひとつであり、IKEAなどの大企業にも木材を提供している。この地で乱開発に立ち向かう森林管理官は、捕まえた木材泥棒に斧で殺害されたラドゥク・ゴルチオアイアのように、ときに悲惨な死をとげている。[118]

ここで、シュルツェ名誉教授に話を戻そう。ルーマニアの環境保護団体によると、教授はファガラス山脈の西部で伐採事業に携わっているという。石油王が石油のおかげで成功したように、教授が木材生産業で成功をおさめたのは、ドイツの二つの林業会社のおかげである。そのせいで、教授は林業界に対して何らかのお返しをしなければならないと思いこんでいるらしい。彼の論文の計算結果がおかしかったことが、それを浮き彫りにしている。しかも、それらの数値は単におかしいだけではなかった！

トビアスは、私にシュルツェ名誉教授がおかした重大な間違いを説明してくれた。その内容はあきれるほど稚拙だが、それを書き表すのには少々手間がかかる。それでも私は読者のみなさんに、教授の過ちを隠したままにしておきたいとは思わない。ここで説明をすれば、林業の知識とされるものが、どのように捏造されているかをお伝えできるからだ。教授の論文は、ドイツだけでなく、他国の森林管理にも決定的な影響を及ぼす。そのせいで巻き起こった論争は、林業界の権力者の傲慢な態度を浮き彫りにすることになった。

シュルツェ名誉教授の研究は、チューリンゲン州のハイニヒ国立公園のある測定結果をもとにして行なわれた。ハイニヒ国立公園は、おもにブナの天然林を保護する目的でつくられた。そのブナの天然林では、過去には重機を用いた林業が営まれていたが、現在は林業を停止し、原生林に移行する計画が進められている。教授はその国立公園を保護林〔政府が伐採を禁止して保護する森林〕の基準として論文を書いたが、それも完全に正しいとはいえない。そうした保護林が多少なりとも原生林と呼べる状態になるまでには、数十年から数百年はかかるからだ。

シュルツェ名誉教授は、林業が営まれていない森林の木の内部にどれだけ多くの（または少ない）炭素が貯蔵されるのかを明らかにするために、国立公園内の一二〇〇の測定ポイントの立木の幹の体積を調べた。二〇〇〇年の測定値は、一ヘクタール当たり平均三六三・五立方メートル。それから一〇年後の二〇一〇年に同じ地点で調査を行なったところ、木の幹が成長して、一ヘクタール当たり九〇立方メートルの増加が確認された。つまり、国立公園では、樹木の幹の体積が毎年、一ヘクタール当たり九立方メートル増えていることがわかった。その幹の体積の増加分を二酸化炭素吸収量に換算すると約九トンになる。とはいえ、国立公園の樹木の幹の体積増加は、ドイツのブナの天然林で計測されたものとほぼ等しいため、この結果に驚く研究者はいないだろう。

ところが、二〇一〇年の二回目の測定では、木がほとんどないか、あるいは若木しかない国立公園の別のエリアの木が測定された。本当なら、ブナの天然林の木の幹の体積増加量を確認するために、二回も測定する必要はないだろう。しかも、科学的な観点からいうと、若木がある別のエリアを含めた測定結果はつかいものにならない。測定場所が二〇〇〇年と異なれば、比較の対象にはならないからだ。国立公園の責任者であるマンフレット・グロースマン氏も、調査の中でこの点を明確に指摘している。それにもかかわらず、追加の測定値を加え、計算しつづける科学者は、意図的に数値を改ざんしていると見なされてもおかしくはない[119]。

シュルツェ名誉教授はそれを問題だと思っていなかった。むしろチャンスだと考えていたのだろうか？　とにかく、教授は若木しかないエリアの測定値を加えた。すると、幹の年間体積増加量の平均値が一ヘクタール当たり九立方メートルから〇・四立方メートルに下がった。つまり、元の数値の二〇分の一に下がった[120]。万歳！　こうして教授は、林業が行なわれていない森がほとんど炭素を蓄えていないのに対して、林業が営まれている森は（連邦森林在庫調査の正確な数値に従い）約二〇倍多くの炭素を蓄えているという結果を導き出した。

したがって、シュルツェ名誉教授とスペルマン教授らは、木材生産のために積極的に林業を行なえば、森林の炭素貯蔵量が増え、気候変動のペースが大幅に減速すると結論づけた。私には理解できない。森林という貴重な金庫を空にすると、金庫の価値が上がるというのか？ その結果を聞いて、林業従事者は大喜びしたが、自然保護活動家はがっかりした。とはいえ、そんな改ざんがまかりとおるわけがない！ そこでトビアスは、誤りを国際的に暴露するために他の科学者たちと協力することに決めた。自然林アカデミーの校長トーステン・ヴェレとエバースヴァルデ持続可能開発大学（ＨＮＥＥ）のピエール・イービッシュ教授の指導のもと、世界中に向けて批評を発表し、それに対応するプレスリリースをＨＮＥＥのホームページに掲載した。[121] 私たち以外にも、二つの国際的な研究チームがシュルツェ名誉教授の研究を批判した。

それに対する反応はすぐに起こった。まず、ユリア・クレックナー大臣率いる連邦食糧・農業省傘下のチューネン森林生態系研究所が論争に待ったをかけ、事態の収束に努めた。チューネン森林生態系研究所の任務は、最新の科学的知識を政策立案者に提供することである。[122] しかし、予想どおり、研究所所長のアンドレアス・ボルテ氏は、専門性に欠けるシュルツェ名誉教授の研究を批判する代わりに、ツイッターを通じて、論文の誤りを指摘した科学者たちを非難した。[123] 次に、連邦森林政策科学諮問委員会の新委員長であるユルゲン・バウフース氏が口を出した。連邦森林政策科学諮問委員会は、政策立案者に対して専門的な提案を行なうだけでなく、科学的議論を促進させるためにつくられた委員会である。[124] それにもかかわらず、フライブルク大学で育林学を教えているユルゲン・バウフース氏は、「議論」の仕方すら知らないようで、一方的に書面で私たちにプレスリリースの訂正を要求した。そこで、私たちはプレスリリース上で、シュルツェ名誉教授とスペルマン教授と同じように、森林保護よりも森林利用のほうが気候変動対策になるという考えを広めた連邦森林政策科学諮問委員会を非難した。それに対抗して、バウフース氏はドイツ研究振興協会（ＤＦＧ）にエバースヴァルデ持続可能開発大学を訴えた。プレスリリース上で優れた科学的手法をなじったというのが訴えの理由だった。こうして、エバースヴァルデ持続可能開発大学の学者をはじめとする研究者たちに圧力がかけられた。最終的に、ＤＦＧは違反を見つけることができず、調査を中止するしかなかった[125]。

私にとって、シュルツェ名誉教授の研究をめぐる騒動は、国の森林政策について真剣に考えるきっかけになった。公的機関が、反対意見をもつ人を批判するだけでなく、口封じしようとしたり、正しい行動をしている人間のキャリアを阻んだりするなんてことは、あるまじき行為だ。とはいえ、問題点はそれだけではない。

シュルツェ名誉教授とスペルマン教授の研究は、マックス・プランク研究所とドイツの林学者の失態を世にさらけ出したが、それよりも問題なのは、それがルーマニアに及ぼした影響だ。ルーマニアで一定の評価を得ているシュルツェ名誉教授が、他の林学者とともに、天然林は保護すべきではなく、木材生産に利用すべきだと提言したことは、森林破壊を助長させるだけでなく、現地の森林保護活動家たちの顔に泥を塗ったことにもなる。彼らの中には、ブナの古木を地球に残すために命をかけた人も少なくないことを忘れてはならない。

「カルパティア保護財団（FCC）」[126]の会長クリストフ・プロンベルガー氏によると、シュルツェ名誉教授の論文はルーマニアの森林行政機関に熱烈に受け入れられ、いまでは、森林伐採を加速させる強引な政策の成立を後押ししているという。クリストフは、カルパティア山脈のブナの原生林の一部を購入し、ヨーロッパ最大の森林国立公園をつくるというプロジェクトに取り組んでいた。残念ながら、自然保護のために古木を保存しようとする偉大な環境保護活動家のこの試みは失敗に終わった。

シュルツェ名誉教授がこの論文を書いたのは、彼自身のため。つまり、ヨーロッパ最大級の環境破壊を引き起こした彼のビジネスを正当化するためだったのだろう。その煽りを受けたのは、教授が「手なずけた」数平方キロメートルのドイツとルーマニアの森だけではない。あなたが他国でこの本を読んでいるなら、ドイツの読者が受けているのと同じぐらい多くの被害があなたにも及んでいるはずだ。気候変動が世界共通の問題であり、誰もが世界中の森林に依存しているからという理由で、私はこんなことを書いているのではない。そうではなく、一九世紀から現在に至るまで世界の林業に大きな影響をあたえてきたドイツの林業が、悔しいことに、こんな状態になってもまだ世界の模範とされているという驚愕の事実があるからだ。しかし、他国の専門家の中には、ドイツの林業が、たとえばインドの森林に有害な影響を及ぼしていると指摘する人もいる。

南アジアで最も尊敬されている環境保護活動家、樹木の研究者の一人であるプラディップ・クリシェン氏は、『樹木たちの知られざる生活』のインド版の序文で、単一樹種のみを植えた人工ドに多大な被害をもたらしたにもかかわらず、いまでも同じシステムが受け継がれているという。[127]
それ以外の樹種は取り除くよう指示した。クリシェン氏によると、そうした林業のやり方がイン
の森林管理官であると書いている。彼らはインドの人々に皆伐を教え、必要な樹種だけを植え、
林をつくることが林業の最善の形であるというイメージを現地の人々に植えつけたのは、ドイツ

なぜドイツの林業の専門家が国際的にもてはやされるようになったのだろうか？　話は一九世紀にまでさかのぼる。当時、近代産業としての林業が行なわれていたのは、おもにフランスとドイツだけだった。世界の大部分が英国の支配下にあり、英国はフランスとのあいだに多くの問題を抱えていた。そのため、英国はドイツの森林管理官を植民地に招き、現地の自然を「手なずける」ようになった。つまり、ドイツの林業が世界に広まったのは、帝国主義のおかげであり、伐採と植林が最適な方法であったからではなかった。

「木材を燃やすことが環境にいい」という考えに固執する林業界の姿は、石油業界を彷彿とさせる。オランダ・イギリスの大手石油会社であるシェルは、自社調査によると、三〇年前すでに、石油製品が気候に悪影響をあたえることを確認していた。それにもかかわらず、シェルは他の業界大手と手を組み、気候変動に対する影響を隠しつづけた。[128]

また、林業界は、木材の燃焼が気候に悪影響をあたえるという多くの科学者の主張に対しても反対している。彼らの主張によると、木材の燃焼は場合によっては石炭を燃焼するよりも有害であるという。二〇一七年には早くも、約八〇〇〇人の科学者がこの点についてＥＵ委員会に警告を

発している。[129]

同年に行なわれた調査によると、再生可能エネルギー（木材も含む）に関するＥＵの目標が達成された場合、ＥＵの木材消費量は二〇〇九年から二〇三〇年にかけて、三億四六〇〇万立方メートルから七億五二〇〇万立方メートルにまで拡大する可能性があるという。つまり、薪や木質ペレットなどの燃焼用木材の利用を増やすだけで、木材消費量は二倍以上に膨れ上がるおそれがあるのだ！[130] その予想値は、ドイツの平均的な年間木材収穫量の一二倍に相当する。それを石油の消費量に換算すると、なんと約一億八千万トン。ちなみに、二〇一九年のＥＵ全体の石油消費量は七億五百万トンだった。[131] このままいけば、木材の環境負荷率が、石油のそれを上回る可能性がある。なぜなら燃やされた木材だけが、二酸化炭素を排出するわけではないからだ。木が伐採された後の森では、日が当たるようになった土壌の中で微生物が大量に繁殖し、腐植土の侵食が加速するため、膨大な量の二酸化炭素が土壌から放出される。したがって、木材の消費量が増えつづければ、二酸化炭素の超大量発生が引き起こされるおそれがある。

貴重な森林生態系の破壊が進むと、森の大気冷却能力が失われ、降水量がますます減少するにちがいない。それならば、木材利用は石油の燃焼と同程度の悪影響を気候に及ぼしうると考えていいだろう。これについては、さらに詳しい研究が求められている。とはいえ、林業界に影響力のある科学者たちが、森と気候変動の明らかな関連性さえも否定しつづけるかぎり、研究の大きな進歩は望めないだろう。

ちなみに、森と気候変動の関連性を認めることに対する拒否反応は、森林行政機関の中でも見られる。本来なら、森の乱開発を防ぐ役割を担うはずの彼らが、いまではドイツ最大の木材販売業者と化してしまったのだから、それは不思議ではない〔ドイツでは、各州の森林行政機関が公営の森林管理会社を経営するなどして、公有林の木を伐採して木材を販売している〕。つまり、森林行政機関は、自分たちをマネージメントすることに必死で、森林を保護することなど考えていないのだ。その事実を、私たちはもう一度しっかりと受け止めなければならない。とはいえ、できるだけ多くの木を伐採し、多大な利益を上げようとする連邦と州の森林行政機関の試みは、これまでに何度も、裁判所の勧告により阻止されてきた。たとえば、一九九〇年までは、木材販売基金というものが存在していた。その基金の役割は、木の伐採量を増やし、木材販売を促進させるための宣伝活動を行なうことだった。すべての木材販売業者は、法律に従い収益の一定割合をその基金に保険料として納めなければならなかった。その結果、公有林における営利目的の森林管理が半ば強制的に促進されることになった。ところが、早くも一九九〇年、連邦憲法裁判所は、公有林における森林管理は木材の販売ではなく、保護やレクリエーションを目的としたものであるとし、木材販売基金を違憲とした[132]。

ところが、その後、法律が少し修正され、木材販売基金は活動を再開することができた。二〇〇九年になってようやく、連邦憲法裁判所が二度目の違憲判決を下し、その慣行を禁止したことで、木材販売基金の保険料の強制徴収は廃止された[133]。それにもかかわらず、公有林における木材生産がドイツの林業の中心であるという傾向は変えられなかった。連邦憲法裁判所の三度目の判決が、ふたたび一九年後にならないことを私は祈っている。

しかし、森林行政機関による木材販売は、現在、まったく別の形で食い止められようとしている。すでに何年も前から、連邦カルテル庁は、森林行政機関による木材販売は自由競争のない実質的なカルテルに等しいという理由で、それを阻止しようとしてきた[134]。しかし、長年にわたり、そうした木材販売の慣習を排除することができなかったため、アメリカの訴訟ファイナンス会社バーフォード・キャピタルに助け船を求めた。同社は、ドイツのすべての製材業者に代わってドイツの全州を訴え、ノルトライン＝ヴェストファーレン州に対してだけでも一億八三〇〇万ユーロの損害賠償を請求した。この金額は小規模な林業界にとっては巨額である[135]。また、ラインラント＝プファルツ州も、バーフォード・キャピタルから支援を受けている「ＡＳＧ３」（ラインラント＝プファルツ州製材業調停会社）から一億二一〇〇万ユーロの損害賠償を求められている。訴訟が始まったときに州環境大臣であったウルリケ・ヘフケンは「この訴訟は森林に壊滅的なダメージをあたえた」と嘆いた[136]。

裁判には時間がかかる。これまで林業界はあらゆる抜け道をつかって現状維持に成功してきた。しかし、そのあいだにも気候変動は進行し、私たちが行動を起こせる貴重な時間は失われている。それでも、私たちにはまだやれることがある！　森から出て、自分の家の台所に戻れば、それが何かを知ることができるだろう。

私たちは何を食べているのか？

気候変動に関する新聞記事を読むと、排気管や煙突や航空機のエンジンなど、もくもくと煙を出すパイプが非難の的にされていることが多い。つまり、気候変動についての議論の中心にあるのは決まって、二酸化炭素を含む排気ガスである。また、ニュース番組の中では、解ける南極の氷河やアマゾンの熱帯雨林の火災の映像が映し出され、人類滅亡間近のような不気味なイメージが完璧に演出されている。気候変動の影響が人類全体におよんでいることを疑う人はいないだろうが、ありがたいことに、多くの人にとって問題はまだ自宅のテレビ画面の中でしか起こっていない。

しかし、身近な地域に視点を戻せば、気温が上昇し、降水量が減っていることは明らかだ。地域レベルの気候変動には、世界レベルの気候変動とは別の原因がひそんでいる。それは、森林の農地化である。ご存じのとおり、森には大気を冷却する能力がある。そのおかげで、森の周辺の夏の気温は、森がない農業地帯に比べて最大で一〇度（都市と比べると、それ以上）低い。じつは、その気温の違いは、私たちの食事から生みだされている。
それを説明するために、次にいくつかの数値をまとめてみた。心配しないでいただきたい。私と一緒に数値を確認すれば、あなたはきっと安心するだろう。なぜなら、そうすることであなたは、簡単に実行できる最強の気候変動対策を知ることになるからだ。

営利をむさぼる人々により、多くの森が農地にされ、ドイツの森林面積は現在、国土の三二パーセントにまで減少している。
特に、原生林の痕跡が部分的に残っているような天然林で、著しい変化が見られる。ドイツの天然林の一四・七パーセントは居住地や道路に、数パーセントは水域や鉱山や休耕地に、四七パーセント、つまり、一六万七〇〇〇平方キロメートルは、農地に転換されてしまっている。
それらの農地では、四万七〇〇〇平方キロメートルでジャガイモや穀物や野菜や果物やワイン用のブドウが、二万平方キロメートルで化石燃料の代替になるバイオ燃料用の作物が栽培されている。なんと、残りの一〇万平方キロメートルでは、家畜の飼料、つまり、卵・乳製品・食肉生産用の家畜のためのエサが耕作されている。その広さはドイツの森林面積（一一万四〇〇〇平方キロメートル）にほぼ匹敵する。[137]
ドイツの食糧自給率は、主な植物性食料に限ってはほぼ一〇〇パーセントといっていい。しかし、食肉についてては、大豆などの濃厚飼料を大量に輸入しているため、海外の広大な農地に依存しているといえる。

私がここで家畜の飼料用の農地の使用面積を挙げた理由は、それが食肉消費による地球温暖化の重要なパラメータになるからだ。家畜と気候変動に関する調査結果は多くあるが、ほとんどの調査では、食肉生産の過程で排出される二酸化炭素の量のみが測定され、森林の草地化や農地化の際に排出された量は考慮されていない。

この結果をよりわかりやすくするために、ここで、みなさんと一緒に簡単な計算をしてみたい。前もっていっておくが、私がここで扱うのは、正確な数値ではなく、全体の把握に役立つ大まかな数値である。

まず、平均してどれだけの二酸化炭素が炭素の形で森に蓄えられているかを見てみよう。中央ヨーロッパに古くからある健全なブナの森の炭素貯蔵量は、二酸化炭素に換算すると一ヘクタール当たり約一〇〇〇トン[138]。そうした森を牛の牧草地に転換すると、伐採された木と土壌に含まれる炭素のほとんどが二酸化炭素として大気中に放出される。したがって、その二酸化炭素も食肉生産の過程で放出されたと見なされる。

しかし、何世紀も前に草地化された森から放出された二酸化炭素量は、現在の食肉生産とは関係がないという意見もあるかもしれない。そうした意見をもつ方のために、まずは草地の現時点の状態だけを考慮の対象にして計算することにする。草地は、家畜用の牧草地として利用することも、ふたたび植林して森に戻すこともできる。前者の場合、草が一年をとおして吸収した二酸化炭素の多くは牛の胃の中に入り、消化後は、大気中に排出されてしまう。いっぽう、植林（または自然な森林再生）が行なわれた場合、木が吸収した二酸化炭素のほとんどは木の内部や腐植土に蓄えられる。では、草地と森林では、炭素貯蔵量の違いがどれくらいあるのだろうか?

意外と思われるかもしれないが、草地と森林の炭素貯蔵量はそれほど変わらない。一ヘクタール当たりの年間貯蔵量は、六~九トン(草地)と四~七トン(森林)。ここでは計算を簡単にするために、両方とも六トンとして計算を続けよう。炭素が気体の二酸化炭素へ変換されると、その量は三・六七倍増えるという[139]。したがって、六トンの炭素は植物が大気中から吸収した二二トンの二酸化炭素に相当する。植物が吸収した二酸化炭素の一部は、草や腐植土や枯木などを食べる昆虫や菌類や細菌によりふたたび大気中に放出される。とはいえ、森の中では、木の幹の中だけで、少なくとも一一トンの二酸化炭素に相当する炭素が蓄えられている[140]。それが、森全体になると(樹皮と葉と腐植土を含めると)一五トンになる。いっぽう、同じ広さの草地で家畜を飼うと、木の代わりに草が育ち、しかも、その草は家畜に食べられてしまうため、一五トンの二酸化炭素は遅かれ早かれ大気中にふたたび放出されてしまう。よって、草地を放牧地にするなら、その点についても考慮しなければならない。では、肉一キログラム当たりの二酸化炭素の排出量を計算してみよう。

一ヘクタールの牧草地は、体重五〇〇キログラムの牛を一頭養うことができる。牛は解体されると、その五三パーセント、つまり、二六五キログラムが食肉になる。したがって、二六五キロの肉を消費することで、牧草地(森にしなかった土地)から一五トンの二酸化炭素が排出されたことになる。これを肉一キロ当たりの二酸化炭素の排出量に換算すると、約五七キログラム。さらに、畜産業では、牧草を刈るために農業機械がつかわれ、肉は加工されたり、切り分けられたりしてスーパーへ出荷されるため、環境により多くの負荷がかかっている。また、牛は生きているあいだに、一日当たり二〇〇リットルのメタンを排出する。[141] メタンガスは二酸化炭素より二一倍も強力に温暖化を加速するといわれている。

ここで、やはり計算に加えたいのが、元の森林が草地化されたときに排出された一〇〇〇トンの二酸化炭素だ。この草地を二〇〇年間、牛の牧草地として利用する場合、年間五トン、つまり、牛肉一キログラム当たり約一九キログラムの二酸化炭素排出量が追加されることになる。また、飼料生産と食肉加工の際に排出される二酸化炭素排出量は、計算モデルにより多少の差はあるが、牛肉一キログラム当たり約二〇キログラムになるという。[142] したがって、すべての数値をまとめると、牛肉一キログラム当たり一〇〇キログラム弱の二酸化炭素が発生していることになる。

ここで、もう一度念を押しておきたい。これはあくまでも大まかな計算であり、食肉消費により、どれほどの二酸化炭素が発生しているかを知る目安でしかない。ドイツ人一人当たりの年間食肉消費量は、八七・八キログラム（年間食肉摂取量は約六〇キログラム）とされている。[143] つまり、食肉消費だけで、国民一人当たり年間約八・八トンもの二酸化炭素を排出していることになる。

連邦環境庁の発表によると、二〇一七年の国民一人当たりの食料消費による年間二酸化炭素排出量はたったの一・七四トン。[144] どうやら連邦環境庁は、食肉生産による森林破壊を考慮していないため、正しい数値を導き出せていないらしい。あるポータルサイトによると、熱帯雨林を切り拓いてつくられた放牧地で生産された南米産の牛肉の二酸化炭素排出量は、一キログラム当たり三三五キログラムにも上るという。[145] これは私たちが計算した排出量の約三倍に相当する。

すべての人が牛肉だけを食べるわけではないので、この計算は万人に対する警告にはならないかもしれない。けれども、豚肉や鶏肉の生産は牛肉よりも温暖化を加速しないと考えられているため、ほとんどの計算モデルでは、飼料生産による森林破壊がほとんど考慮されていないか、まったく考慮されていない。そうした計算は、最も重要な要素が抜け落ちているだけでなく、説得力に欠ける。その結果、食肉生産が気候変動を助長するという認識はいまだに広まっていない。

正確にいうと、少なくともヨーロッパでは、森林破壊が加速しているのではなく、森林再生が妨げられているために、二酸化炭素排出量が高くなっている。公の報告書の中で、森林を十分考慮に入れているものが少ないのは、森林再生というポイントが見えにくいせいだろう。森が草原や牧草地に転換されても、牧歌的な印象がそこには残るため、気候変動とは無縁なものと見なされてしまう。煙突から排出される黒い煙は警告になるが、蝶が舞う草原はおとぎ話にしか見えないらしい。

ここで、ちょっとした思考実験をしてみたい。昔のドイツ人には日曜日だけ肉を食べるという習慣があったが、その習慣をふたたび取り戻して肉の消費量を下げると、どうなるだろうか？どれほどの森林が再生され、気候はどう変化するだろうか？

一人が一日に食べる肉の量は、好みにもよるが、一五〇グラム前後としよう。国民全員が日曜日だけ肉を食べるという習慣を一年間続けると、国民一人当たりの年間食肉摂取量は六〇キログラムから五二×一五〇グラム＝七・八キログラムにまで下がる。つまり、五二・二キログラム少なくなって、八七パーセント縮小する。そうなれば、牧草地は、飼料の大量輸入が問題視されるよりも前に、ふたたび森林に戻されるだろう。こうしたシミュレーションは、パーセンテージで表すとよりわかりやすい。飼料の需要が八七パーセント減少すれば、当然、国内や海外の飼料作物用の農地も同じ割合で縮小するはずだ。

しかし、肉食を減らせば、失われたカロリーを補うために植物性食品の摂取量が増え、より多くの農地が必要になるかもしれない。そう考える人がいるかもしれないが、その心配はない。バイオ燃料用作物が栽培されている農地やバイオガス発電所の土地を野菜や穀物用の農地に転換すればいい。二〇〇八年、私はある本を執筆した際、バイオエネルギーについて調査し、バイオガスをはじめとするバイオ燃料が食肉生産に匹敵するほど気候変動を加速させていることを知った。結局のところ、バイオガスプラント〔家畜糞尿とトウモロコシなどの作物、もしくは食品廃棄物などの有機系廃棄物を嫌気性微生物の働きでメタン発酵させ、発生するメタンガスをエネルギー化する施設〕は大きな人工牛にすぎない。というのも、牧草やトウモロコシが発酵される際に発生する二酸化炭素とメタンは、発酵槽から直接大気中へ、もしくは、発電所で燃焼される際に間接的に外へ漏れ出してしまうからだ。そうした無意味なバイオガス発電は一刻も早くやめるべきだ。バイオガスプラントを建てる代わりに、そこで有機栽培の野菜や穀物を育てれば、私たちの食生活はより豊かになるだろう。

八七パーセントの食肉削減が実現すれば、森林面積を八七パーセント増やすこともできる。ドイツで現在、一〇万平方キロメートルの土地が家畜の飼料用の耕作地として利用されているのなら、そのうちの八万七〇〇〇平方キロメートルをふたたび森に変えられるだろう。すると、ドイツの森林面積は約二〇万平方キロメートルに引き上げられ、少なくとも国土の五六パーセントが森林になるはずだ！

目の前の景色が変化していくことは、大きなメリットをもたらす。一人ひとりが肉の消費量を減らすことで、森林再生や気温の低下や降水量の上昇が、明らかに目に見える形になれば、おそらく政治家も食肉の大量生産からついに脱却する気になるだろう。

オランダではすでに、その取り組みが始まっている。オランダ政府は、畜舎を取り壊して観光業に投資する畜産農家に対して一〇年間補償金を支払うプログラムを開始した。国費一九億ユーロ相当を投入し、工業的畜産の撤廃を目指している。[146] ドイツにも早くそういう流れが来てほしいものだ。ドイツでは、年間八六〇万トンの食肉が生産されている。[147] これを一人当たりの年間生産量に換算すると、約一〇〇キログラムとなり、年間食肉消費量を大きく上回っている。ドイツは、熱帯雨林を開墾してつくられた農地などで栽培されている外国の飼料を輸入し、輸出用の安い食肉を大量に生産している。オランダのように、補助金をつかって畜産農家を説得し、互いの合意により残酷なビジネスを撤廃するというやり方は、賢明な方法であると私には思える。結果的に、環境政策、つまり、国民全員の未来にかかる膨大なコストを削減できるのであれば、国費の投入は将来への素晴らしい投資になるだろう。ちなみに、私たちの貴重な自然資源である地下水は、家畜の糞尿により、水質がますます低下している。

森に話を戻そう。畜産をやめた農家が森林再生を始めて、それを家業にすれば、価格競争が激化する食肉ビジネスを続けるよりも、ずっと心穏やかに生計を立てていけるだろう。森の木が自然に成長するのを見守るだけで、一ヘクタール当たり年間一〇〇〇ユーロの収入が得られるとしたら、それだけで銀行口座が満たされるだけでなく、農家自体のイメージも改善するにちがいない。畜産をやめた農家はその後「環境家」という新しい名前で呼ばれるようになるかもしれない。

もし、私たちが多くの草原を森に転換するとしたら、草原に住む住人たちは何というだろうか？ 私はアイフェルの森で森歩きツアーを主催しているが、ツアーの参加者に「草原を森に転換しよう」と提案すると、激しく反対されたことが何度もある。草原は人間の生活領域から逃げてきたあらゆる種類の野草や薬草や昆虫や両生類の貴重な生息地である、というのが彼らの主張だった。その考え方は賞賛に値するが、残念ながら、根本的に間違っている。

ドイツに生息する昆虫のように、森の中の日が当たる場所を好む生き物は、通常、草原では生きられない。そうした生き物は、野原を必要とする。草原と野原には大きな違いがある。野原の草は草原の草と違い野性の大型草食動物に多かれ少なかれ食べられている。野原は、かつては川辺林に自然発生し、大河の左右に何キロメートルにもわたり広がっていた。二〇世紀中ごろまで、大河は定期的に凍結し、そのおかげで野原は成長することができた。春になって氷が解けると、洪水が起き、流氷により木が押し倒されて日向ができた。そこで、野草や薬草や低木が成長したのだ。

少数の樹木があるだけの半ば開放的な野原では、かつてバイソンやオーロックスと呼ばれる野生の牛や野生の馬が草を食(は)んでいた。それらの動物が、何千もの昆虫種の生存に必要不可欠な豊かな野原を形成していった。

ところがいまでは、洪水は異常気象時を除いては過去のものとなり、流氷で木が押し倒されることもなくなり、川辺林のほとんどが消滅した。貴重な川辺林の活動が事実上停止したのには、大きな理由がある。それは、草を食む動物の代わりに、人間が川辺に住むようになったからだ。川辺の野原は、農地として利用されるようになった。なぜなら、洪水のたびに打ち上げられた泥が土を肥やしたからだ。そこから集落や都市が生まれ、私たちの先祖が文明を発達させていった。ところが、文明には洪水に弱いという弱点があったため、高い堤防やダムが築かれた。堤防やダムがない場所はいまでもあるが、そうした川辺は、短期的に水が溜まったり、あふれたりすることはあっても川辺林を形成してはいない。

したがって、本当の意味で昆虫や動物を保護したいなら、かつてあったような川辺の野原を取り戻す必要がある。できるかぎり早く、ライン川流域、もしくは、エルベ川流域に、もうひとつ国立公園をつくらなくてはならない。ウンテレス・オーダータール国立公園〔ドイツのブランデンブルク州からポーランドの西ポメラニアン地方にまで続くオーデル川流域の自然保護区〕が、川辺の自然保護の一歩を踏み出したが、その広さはたったの一〇〇平方キロメートルにすぎない。しかも、その国立公園でさえも、ありのままの自然は部分的にしか保たれていない。農家と釣り人が協力して行なったロビー活動により、自然保護区に指定されたのは国立公園の中のたったの五〇・一パーセント。それ以外の場所では農業や釣りが続けられている。国立公園は、指定区域の半分以上が保護下になければならないため、五〇・一パーセントという割合は、意図的に選ばれたものにちがいない。わずか〇・一パーセント上乗せしただけで、国立公園の名が維持されたのだろう。[148]

残念ながら、川辺に生息する動物と樹木を本当の意味で復活させられる川辺林が、ドイツにはまだ不足している。そのかわりに、国の助成金のおかげで、南ドイツの低い山脈地帯にある草原が保護され、そこで羊の放牧が行なわれている。しかし、南ドイツの丘陵地帯は、かつてはブナの原生林が多くあったため、牛や馬などの野生動物はほとんど生息していなかった。そんな土地で、なんと、動物種の保存プロジェクトが行なわれている。また、別の場所では、ドイツの有名な貴族のリヒャルト・ツー・ザイン＝ヴィトゲンシュタイン＝ベルレブルクが、バイソン復活プロジェクトを立ち上げた。[149]ところが、対象とされた森は、川辺の森ではなく、ザウアーラント地方の低いロートハール山脈にある森だった。侯爵は約四〇平方キロメートルの土地を、バイソン復活プロジェクト用に提供した。とはいえ、四〇平方キロメートルという広さは、体重が一トン弱もある動物にとっては、あまりにも狭かった。ちなみに、猫ほどの大きさしかないヤマネコの縄張りの広さでさえ一〇平方キロメートル以上ある。そういうわけで、放牧されたバイソンは指定された場所にとどまらずに、周辺の草原や農地や森を歩き回るようになった。それだけでなく、樹皮をかじりながら散歩したため、経済的損失までもたらした。森林の所有者から苦情が来て、補償とバイソンの移動を要求されたのも無理はない。結局、バイソンは数を減らされて、柵で囲われた動物園のようなところへ移送された。つまり、自然保護とは程遠い結果に終わった[150]。したがって、バイソンのような大型の野生の哺乳類を保護するためにも、大きな川辺林を含む国立公園を少なくとも一つ早急につくる必要がある。

ドイツ政府が食肉消費量の削減と森林再生と国立公園の増加へと舵を切るには、まだ時間がかかるだろう。とはいえ、食肉の制限は、誰でもいますぐに始めることができる。聞かれる前にここでお伝えしておこう。「はい、私は約三年前に肉食を完全にやめました」私たち夫婦は動物だけでなく、自然を守りたいという気持ちが強かったため、食生活を変えることを決断した。しかし、肉食を完全にやめなくとも、自分の家の玄関先でいますぐにできることがある。

第三部　未来の森

一本の木の大切さ

「一本の木？　たった一本の木にいったい何ができるというのか？」というような声を耳にするたびに、私はそれについて考えてきた。グローバルな視点から見ると、一本の苗木を植えることは、気候変動に対する何の効力にもならないように思える。そのうえ、私は、植樹などしなくても多くの森には自力で再生できる力があると信じている。それとは逆に、ローカルな視点から見ると、一本の苗木を植えることには意味がある。ただし、それは、家の前に木を植えるなど、非常にローカルな場合に限られる。なぜなら一本の木が環境に影響をあたえることは、毎日木と接してこそわかるものだからだ。たとえば、冬。木の下に車を停めれば、窓がすぐに凍らないことに気づくだろう。木には極端な温度差を緩和する作用があるため、樹冠の下は毛布をかけられているような状態になる。決して冷えすぎることはない。

いっぽう、夏はその逆のことが起こる。家の前の木が周囲の気温を下げてくれる。木は日陰をつくるだけでなく、葉の裏の気孔から水分を蒸発させて、大気を冷却してくれる。それは、ちょっとしたセルフテストで、誰にでも確認することができる。まず、夏の暑い日に日傘の下に座ってみる。日傘の下も暑いが、少なくとも日傘がないよりはマシだとわかるだろう。次に、木の下に座って、その違いを確認する。広葉樹の大木や古木の下なら、日傘の下より二度ぐらい温度が低いことがわかるだろう。一本のブナの古木は夏の暑い日、葉の裏の気孔から五〇〇リットルもの水を放出し、空気中の熱エネルギーを用いてそれを蒸発させる。人間も、汗をかいて身体を冷やすとき、木と同じ能力を発揮している。

樹木の蒸散量の多さは、木が家のすぐ側に立っている場合、その壁に現れることが多い。樹冠の陰になっている壁の部分に、灰色がかった緑の藻が張りつき、それが湿度の高さを示している。

これと似たようなことを、私は自分の家でも経験している。私たちが住む「森の家」は、その名のとおり、多くの木に囲まれている。家の周囲に立っている木の中で、特に目立つのが、これまで見たこともないほど巨大なシラカバの古木である。私の仕事部屋の窓から八メートルほど離れた場所に立つその木には、幹の中に空洞があり、鳥たちはそこに巣をつくって雛鳥を育てている。家の近くには気象台があり、そこの観測結果を見ると、隣のヴェルスホーフェン村の山中にある森林アカデミーと私の家の周囲の気温は常に約二度の差がある。森林アカデミーの校舎と庭が完成したのは二〇一九年末なので、周辺の木はまだとても若い。それが、気温差が生まれた理由だろう。私の家の周囲の気温は、暖かい季節には二度低く、寒い季節には二度高い。さらに湿度も高い。これはおもに庭にあるシラカバなどの古木のおかげであり、その効果は一年中明らかな形で現れている。

つまり、一本の木の気候調整効果は身近なところで発揮されている。個人は気候変動に対して何もできないという決めつけは、庭木が否定してくれるだろう。では、庭や街路に植えるのに最適な木とはどんな木だろうか? 森と同じで、在来種がいいことはいうまでもない。食物連鎖は樹木に依存し、樹木は少なくとも部分的に食物連鎖に依存している(ホロビオントについて書かれた章を参照)。どの樹種がいいかは、家の近くにある天然林を見ればわかる。ドイツなら、ナラやブナやコブカエデやカエデバアズキナシや国中の皆伐地に植林され、元気に成長しているヤマナラシなどがいいだろう。気候変動対策と食べる喜びのダブル効果を狙うなら、果樹もおすすめだ。特に子どもにとって、木とともに成長する経験は宝になる。子どもたちは、樹木の大切さを感覚的に学び、それを一生忘れることはないだろう。

近年続いた干ばつの夏に、ドイツの多くの都市で感動的な場面が目撃された。住民が街路樹を気にするようになり、水やりをするようになったのだ。それが、一部の都市だけでなく、さまざまな都市で起こったことは注目に値する。ボランティア精神のある住人が、水やりコミュニティを街路ごとに結成し、計画的に水やりを行なった。それは私には未来への希望に見えた。ナラやスズカケノキやカエデなどの街路樹が、単なる緑の飾りとは見なされなくなった証拠だった。明らかに乾ききった街路樹に対して、多くの人々が同情心を抱き、行動を開始した。水やりコミュニティに参加した人々は、それぞれがジョウロをもって来て、街路樹の幹の周りの乾いた土に水をやった。しかし、本当にそんなやり方でよかったのだろうか?

そのころ、森林アカデミーには、水やりコミュニティの活動が効果的かどうかを知りたがる人々から多数の質問が寄せられた。それらに答えるためには、自然が求めているものを知る必要がある。乾いた地面の場合、雨は一平方メートル当たり一〇リットル以上降らないと、土壌には浸透しない。一〇リットル以下の雨量では、雨水は地下一センチの深さまでしか到達できず、一〜二センチメートル以上の深さの土壌が湿ることはない。とはいえ、この雨量と同量の水を街路樹にやるだけでも、水やりコミュニティにとっては大変な負担になる。また、樹木の根は、幹の下にだけあるわけではない。根は四方八方に伸び、その広がりは樹冠の直径の二倍に相当する。たとえば、成長した街路樹の樹冠の直径が一〇メートルだとすると、根の広がりの直径は二〇メートルになる。これを、アダム・リース〔一四九二〜一五五九。ドイツの数学者〕の計算式に当てはめて、面積で表すと、三一四平方メートルになる。したがって、一平方メートル当たり一〇リットルの水を撒きたいなら、三立方メートル以上の水が必要になる。そうした水やりは、どんな水やりコミュニティにとっても負担が大きすぎるだろう。たとえ、それを何とかやり遂げたとしても、残念ながら、水はすべての根にはいき渡っていないのだ。

都市の土壌は、基本的にアスファルトの下にあり、雨水にさらされることはない。例外は、街路樹の小さな植えこみスペース、つまり、都市計画者が許可した街路樹の幹の周りの円形の土壌だけである。そのスペースに、ときどきジョウロで水を撒くことに意味があるだろうか？　答えは、「ある！」。想像してほしい。いま、あなたは砂漠を横断中に脱水症状に陥り、死ぬ寸前だ。そんなふたたび元気になるためには、数リットルの水が必要だが、水はもう飲みきってしまった。そんなときに、親切な人が一口だけでも水をくれたら、うれしいと思わないだろうか？　水やりには人と人をつなげる力がある。それが結果的に、人々の共感を呼び、森を再生させることにつながるのであれば、水やりコミュニティには意味があるだろう。

森林を再生させ、地球温暖化を食い止める興味深い方法の一つに、アグロフォレストリー〔樹木を植栽し、樹間で家畜・農作物を飼育・栽培する森林農法〕と呼ばれる方法がある。名前だけ聞くと、難しく聞こえるかもしれないが、その方法はとてもシンプルだ。アグロフォレストリーでは、樹木と農作物が、ほとんど同じ場所か、近い場所で育てられる。それが農作物にも、樹木にも、多くのメリットをもたらす。

では、農作物から見ていこう。ほとんどの農作物の祖先は、直射日光が当たる広大な草原地帯に生えていた植物なので、木陰では成長しない。そのため、木のすぐ側に植えられると収穫量が減ってしまう。ところが、木から少し離れた場所に植えられると、樹木のない農地や草原に植えられたときに比べて、収穫量は大幅に増加する。樹木は農作物にとって風よけになる。風が吹かなければ、夏でも土壌は乾燥せず、湿ったままだ。近年の干ばつが私たちに教えてくれたように、水は農産物にとって最も重要な要素である。干ばつ時には、木陰さえも救世主になる。干ばつが続いた二〇一八年～二〇二〇年、アグロフォレストリーが実践されていた土地だけは、緑が生い茂り、木陰では牛たちが身体を冷やしていた。

アグロフォレストリーのもうひとつのメリットは、農作物が樹木の水の吸い上げ能力を利用できる点だ。つまり、木は畑の灌水ポンプのような役割を果たす。

穀類やイモ類の根は浅い。夏の畑を見るとわかるように、農作物が根を張る土壌の上層部は非常に乾燥しやすい。ところが、上層部の土が乾燥して、硬くなり、団子状になっていても、地下五〜一〇センチメートル以上の土は湿っていて、その状態が（土壌の状態にもよるが）、さらに数メートル深い土壌の層まで続いていることがよくある。しかし、農作物や草の根はそこまで届かない。

いっぽう、樹木の根は、湿った土層に問題なく到達することができる。深層から水を汲み上げて、十分な量の水を吸収することができる。ブナやナラの古木は成長すると、総重量が二〇トン以上になり、夏季は毎日数百リットルの水を必要とする。そのため、根は菌類の助けを借りて〔『樹木たちの知られざる生活』を参照〕、土の中からたっぷりと水を吸収している。吸収された水は、昼間のあいだは葉に取りこまれ、二酸化炭素と日光のエネルギーを利用して糖に変換される。とはいえ、葉に取りこまれた水の大部分は、葉の裏にある気孔から蒸発し、森の生態系全体を冷やしている。

それとは反対に、夜になると、樹木は光合成を停止する。地上部の活動は停止したように見えるが、一つだけ例外がある。葉が水を必要としなくなったため、幹が少しだけ膨らむのだ。[151] 水は細胞や組織に貯蔵されるが、幹は伸縮性に乏しいため、ある時点で満杯になる。それにもかかわらず、根は多くの場合、水を吸い上げるのをやめない。その現象については、アメリカのイサカ市にあるコーネル大学のトッド・Ｅ・ドーソン博士が、地域に自生するサトウカエデを対象にして調査した。その結果、夜になると、幹の周囲五メートル以内の土壌の水分量が著しく増加することがわかった。

「水力学的再分配〔樹木の根を介して、土壌の下層にある水が汲み上げられ、乾いた上層の土壌に水が再分配される現象〕」と呼ばれるその現象は、それによって土壌の上層にある栄養豊富な腐植土層に水がいきわたるため、樹木にとってはメリットになる。腐植土層は、枯れた植物や落ち葉がミミズや微生物により分解されてできたものであるが、分解される過程で、多くの栄養素が生成される。しかも、植物は水を吸収するときしか、それらの栄養素を取りこむことができない。つまり「水力学的再分配」は、水と栄養素の両方を同時に準備する実用的な機能なのだ。

「水力学的再分配」は、ヨーロッパの広葉樹林でも、フランスの研究チームにより確認されている。そこではブナとナラの若木が集まる森を対象にして調査が行なわれた。まず、大干ばつを想定して、調査対象区域をシートで覆って土壌を乾燥させた。そして、木の幹のすぐ側の土壌に筒状の土壌サンプリング装置を差しこんだ。さらに、特別な化学物質により色をつけた水を、管をつかって地下七五センチメートルの土層に注ぎ、木の反応を観察した。ナラはブナよりも根が深いため、色水はすぐに幹まで到達したが、ナラよりも根が浅いブナは時間がかかった。

その六日後、土壌サンプリング装置で土壌の層を確認すると、中間層の土が乾燥したままであるにもかかわらず、上層の土には色水が浸みこんでいた。したがって、これは植物の導管内の張力により水が上昇する「毛細管現象〔細い管の中にある液体は、表面張力により引っ張られ、管を液体で満たす方向へと進んでいく。この力を利用して、植物は根から取りこんだ水を全身に運んでいる」ではなく、「水力学的再分配」であることがわかった。なぜなら「毛細管現象」であるなら、どの土層も常に湿っていなければならないからだ。

ブナよりも根の深いナラがブナに水を提供した痕跡は見られなかったが、それでも研究者は、ナラが干ばつ時の森では重要な役割を果たしていると考えている。測定方法が複雑であったため、フランスの研究チームはたった四本のブナとナラしか測定できなかった。したがって、ブナがナラから何らかの利益を得ているかどうかまでは、明らかにすることができなかった。

とはいえ、フランスの研究者たちは、表土の水分量が増えれば、樹木だけでなく、他の植物や菌類や細菌や土壌動物などが恩恵を受けて、生態系の健康が維持され、結果として、そこにあるブナも健康になると結論づけている[152]。

ちなみに、天然のブナの森には、ブナだけがあるわけではない。ブナの森は「おもに」ブナからなるが、他の多くの樹種も一緒に生育している。特に、ナラと共存している場合が多い。たとえ、ブナとナラが直接的な協力関係にないとしても、気候変動の時代には、互いに支え合うようになるかもしれない。


ここで、農地に話を戻そう。樹木にとって農地は、問題が非常に多い場所だ。すでに説明したとおり、機械により圧縮された低酸素の土壌では、根が育ちにくい。残念ながら、ほとんどの農地の土壌はそうした状態にある。馬をつかって仕事をしたいという農家はいないのだろうか？トラクターが何百回も走った土壌は、圧縮され尽くしている。霜が降りたり（霜が解けて、水浸しになったり）、大小の動物が穴を掘ったりして、表層部の土が柔らかくなることはあっても、すべてのダメージが修復されるまでには、数千年はかかるだろう。

しかし、ここでもトッド・ドーソン博士の研究結果が希望をあたえてくれる。博士が調査した木は、夜のあいだに、太い根で圧縮された上層の土を砕き、下層から水を汲み上げ、その水を砕かれた上層の土の中へ放出した[153]。

自然界では、偶然に起こることは何もない。樹木は多大なエネルギーを費やして、水を汲み上げている。特に降水量が少ない夏には、夜間における下層土からの水の汲み上げは、複数のメリットをもたらす。下層土にある水は汲み上げられると、上層土に多くある細根〔根の先端部にある直径二ミリメートル以下の根。樹木はこの細根（と共生する菌根菌）をつかって土壌から水分や養分を吸収している〕に送りこまれる。水が十分あれば、木は翌朝、すぐに朝食を、つまり、光合成を始めることができる。また、光合成をするためには、水だけでなく養分も必要だが、それも問題はない。細根が水を放出して、土の養分を溶かし、それをふたたび吸収するからだ。

夜間に木が土を湿らせるという現象は、私の家の庭でも見られるが、その巧みな技には感心させられる。もし、あなたが庭をおもちなら、水やりの最適な時期をご存じかもしれない。日が沈むと、気温が下がり、水分がすぐに蒸発しないため、水やりは夕方に行なうのがいい。そうすれば、水はゆっくりと土に浸みこみ、翌朝には、植物がその水をつかって光合成できる状態になっているからだ。なぜ樹木は、自発的に水分補給する機能が備わっているのに、休眠中の夜もそれを行なうのだろうか？　夜間に水分補給をすれば、エネルギーを節約できるからだ。光合成や大気冷却が最も必要とされる日中に一気に水分補給をすると、最大限のエネルギーを費やして水を汲み上げる必要がある。夜もそれを行なえば、日中のエネルギー消費量は大幅に減る。したがって、樹木は水の汲み上げを、目的別に昼と夜にわけて行なっている。

樹木を農業に利用すれば、農地が部分的に自然を取り戻すことになるだろう。畑にできた林は、鳥だけでなく、多くの動物たちに隠れ家や食料を提供する。樹木があることで、酷使された畑が野生の魂を取り戻すのだ。それだけでも、林業と農業の統合はやる価値がある。

木がもたらす恩恵と従来の林業と農業の間違いがこれほど明らかなら、なぜ、方向転換にこんなにも時間がかかっているのか? それは、最後の頑固者が理解を示すまで、動かない人があまりにも多いからではないだろうか?

全員が同じ方向へ進む必要があるのか？

二〇二〇年秋、環境活動家が集まる会議で、私たちは「模範的な森林管理」というテーマで議論した。人工林の木が枯れ、「被害木〔災害や害虫による被害を受けた木〕の伐採」とそれにともなって再造林が加速する中、新たな試みや着眼点として、別の選択肢があってもいい、というのが多くの環境活動家の見解だった。会議で発表されたさまざまな生態系管理の方法は、今後の参考のために書面にまとめられた。議論の途中、「林業の過渡期には、ハーベスタなどの林業機械の使用は許されるのではないか」と質問した人がいた。そんな質問が環境活動家の会議で出たことに、私はとても驚いた。結局のところ、一部の環境保護団体が、伝統的な林業に対してそうした妥協的な態度をとってきたために、数十年にわたって続けられた無計画な伐採は食い止められずに加速しているのだ。林業機械の使用が本格化したのは一九九〇年ごろ。その後、皆伐の規模は多少縮小したように見えたが、現在では、過去最大規模にまで拡大している。そんな状況の中で、無計画な伐採は続けるが、イメージアップは図りたいとする横柄な林業会社に対して配慮する必要はまったくないと私は思う。議論の中で「最終的には全員が同じ方向へ向かうことが望ましい」という意見が出た。残念ながら、これは林業ではもはや実現しないといえるだろう。

全員を同じ方向に向かわせることは、いちばん遅い人のペースに合わせることである。最後の一人まで説得することがどういう結果をまねくかは、この数十年の環境政策の混乱で経験したとおりである。科学技術は日々進歩しているにもかかわらず、世界の二酸化炭素排出量は増えつづけ、新型コロナウイルスのパンデミックさえも決定的な方向転換のきっかけにはならなかった。

森林保護についても、環境ＮＧＯの活動が功を奏したとはいえない。長期にわたり、森林管理についての議論が続けられ、ときには激しい意見の衝突があったにもかかわらず、林業システムはいまだに改善されていない。また、すべての州が皆伐縮小のガイドラインを策定したにもかかわらず、皆伐の数は現在、過去最大規模に達している。もちろん、ハンザ同盟都市リューベックの森林のように、模範的な方法で管理されている森も少なくない。とはいえ、そうした森は、ドイツ全体から見ると、大海の一滴にすぎない。大部分の森林では、大型機械やヘリコプターをつかって有毒な薬剤の散布などが行なわれ、林業の非道徳化が進んでいる。

とりわけ問題なのは、林業の失敗についての議論がまったくないことである。責任の所在を明らかにすることよりも、これまでの方法の失敗を認めることのほうが大切だと私は思う。ところが、そんなふうに考えている人は少ない。ほとんどの人は気候変動だけが唯一の林業の問題であると考えている。現在の森林管理が広い範囲で失敗していることは、森を散策すれば、誰の目にも明らかだ。それを隠すために、森林保護活動家を自称する森林管理官は、「人間は自然に対して太刀打ちできなかった」という作り話まで広めている。

林業界は、針葉樹林で大量の木が枯れた責任を先人になすりつけている。第二次世界大戦後、経済復興のために木材需要が高まったせいで、トウヒやマツといった特定の針葉樹種のみを植えた巨大な人工林を全国につくるしかなかった、というのが彼らの主張だ。針葉樹の植林は現在まで続けられているが、じつは、その習慣は戦前からあった。アメリカの林学者、自然保護論者のアルド・レオポルド〔一八八七〜一九四八年〕は、一九三〇年代に先祖の土地であるドイツを訪れた。彼は、有名なドイツの森が自然とはかけ離れた針葉樹の人工林で埋め尽くされ、また、狩猟場と化していることにショックを受け、「ドイツ問題」と名づけた。結局、その問題は現在も続いている。

二〇一二年の最新の連邦森林調査によると、人工林を天然林に転換するプロジェクトはほとんど行なわれていない。ドイツの森林にとって最も重要な樹種であるブナとナラは、森林面積割合がそれぞれ一五パーセント、一〇パーセントと極めて低い。もし、実際に森林転換が何十年も前から本格的に行なわれていたなら、いまごろ、樹齢二〇年ほどの若木が集まる広葉樹の林分〔樹種・樹齢・生育状態などがほぼ一様で、隣接する他の森林から区別される森林〕がいたるところで見られただろう。ところが、連邦森林調査によると、新たにつくられた林分のうち、ブナとナラの林分はそれぞれ一二パーセントと六パーセントにすぎなかった。[154] つまり、ドイツの林業は、アルド・レオポルドの時代からほとんど変化していない。

ドイツの林業が抱えるこの難題を、解決する方法はあるのだろうか？　なんらかの強硬手段に出るか、もしくは、リューベック市森林局長のクヌート・シュトルムがラジオ番組でいっていたように、「森から森林管理官を追い出せ！」ばいいのかもしれない[155]。そこまで過激なことをする必要はないにせよ、「緑の肺」と呼ばれる、貴重な森を守るためには、これまでとは違う教育を受けた人材が早急に求められることは確かだろう。教育の方法を変えるための道のりは長くて、険しい。とはいえ、私を含めて、あえてその道を進もうとしている人たちがいる。これについては、次章で詳しく説明したい。そうした小さな一歩は、多くの森にとっては遅すぎるかもしれない。古木がすべて伐採されてしまえば、森林が再生するのに数十年から数百年はかかるからだ。残念ながら、そんな時間は私たちには残されていない。したがって、森林を守るためには、民主的手段に訴える必要がある。その手段とは、裁判だ。

環境保護団体のグリューネ・リーガ・ザクセンとＮｕＫＬＡは、裁判が森林保護にいかに有効であるかを教えてくれた。両団体はライプツィヒ市を相手に裁判を起こした。中央ヨーロッパ最大の川辺林の一つの伐採をめぐり、法的な紛争が発生したのだ。面積二五平方キロメートルの巨大な川辺林は、複数の小川や貯水池や運河の周りを覆っていた。そこでも、森林管理官や市の専門家が、森林保全と称して、大規模な伐採を行なおうとしていた。ライプツィヒ市にあるその水辺林はＥＵの自然保護区であるため、公の査定と認可なしに伐採を行なうことは許されない。そのため、両環境保護団体は訴訟を起こした。それが功を奏して、二〇二〇年六月九日、バウツェンの高等行政裁判所は「市の林業行政機関は現在の伐採を直ちに中止し、今後の対策を徹底的に検討しなければならない。対策は自然保護区に関する規則に則り、両環境保護団体と協議のうえ策定される」という画期的な判決を下した。[156]

それと似たようなことは、前述のハイリゲ・ハレンでも起こった。ドイツで最も古いブナ林がある小さな自然保護区は、ＥＵの生息地指令対象の保護区に指定されている森に囲まれている。法律上、その森は状態を悪化させてはならないことになっている。しかし、それは地元の森林署にとっては、ほとんど興味のないことだった。ブナの古木の多くは伐採され、森の大部分が低木林のようになってしまっている。そうした過剰な伐採は、ハイリゲ・ハレンに決定的な影響をあたえた。六七ヘクタールしかない最古のブナ林は、暑い夏に自力で気温を下げたり、雨を降らしたりするにはあまりにも小さすぎる。そのためには、ブナ林を囲む広大な森が必要だが、その大事な森の大部分が破壊されてしまったのだ。

エバースヴァルデ持続可能開発大学のピエール・イービッシュ教授が、法律家の意見を参考にしながら、ハイリゲ・ハレンの森林破壊の真相を突き止めた。地元の森林署は弁護士の手紙を無視して、伐採を続けていたという。私たちは二〇二〇年一二月、私のＳＮＳ公式チャンネルで事件を公表した。テレビ局二社と複数の日刊紙がそれを報じた。すると、すぐにメクレンブルク＝フォアポンメルン州環境省のバックハウス大臣が動き出した。大臣は「観光地への影響を回避したい」といって、私たちにオンライン会議の開催を提案した。希望どおり、会議は行なわれ、その結果、伐採は禁止され、保護区の拡大を審議する専門委員会が結成された。

その出来事は、私にとって、個人の力が小さくはないことを示すいい例になった。というのも、私のＳＮＳ公式チャンネルが素晴らしい結果をもたらしたのは、私の投稿に多くの個人が興味を示した（具体的にいうと、「いいね！」を押した）からだ。つまり、インターネット上での個人のワンクリックが大きな力になった。

そうはいっても、林業界は、窮地に立たされても、人々の感情を揺さぶって理性を失わせる究極の口実をもっている。「木材生産は雇用を確保する」といえばいいのだ。世界中どこへ行ってもこの言葉が聞こえてくる。カナダでもポーランドでもスウェーデンでもドイツでも、非道な皆伐を正当化するために、この言葉がつかわれている。脱石炭火力をドイツ政府が決定したときの、人々の反応を覚えているだろうか。あのときも、生活の基盤を失うことを恐れた人々が、石炭産地で抗議デモを起こした。このまま石炭火力を維持すれば、将来、より大きな損失を被るという事実を、感情におぼれた人々に理解させるのは難しかった。結局、政府が石炭産業へ数十億ユーロの補償金を支払うことで、平和は取り戻されたが、段階的廃止という（あまりにも時間がかかる）目標が設定されることになった。これは、気候変動を加速させている産業、とりわけ林業の未来を映し出しているようにも見える。

林業は非常に小さな経済セクターであるため、大規模な電力業界に比べると、注目度は低い。とはいえ、森林の大気冷却能力や雨量調整機能などを考慮すると、林業は地域の気候に対して、他のどの業界よりも大きな影響を及ぼしていることがわかる。つまり、注目度は低いが、ネガティブな影響力は大きいのだ。そう考えると、政府が介入して、林業の暴走を阻止することはそれほど難しくないように思える。もちろん、連邦と州の森林行政機関は、窮地に陥ると、いまにも鳥に食べられそうなヒキガエルと同じように、自分を大きく見せようとのけぞり、お腹を膨らませるだろう。そんな彼らの行動を裏で支えているのが、林業・木材産業クラスターだ。

クラスターとは、ある経済セクター全体の架空の集合体、つまり、仮想的な連合体を指す。林業界はあまりにも小さすぎるため、単純に木とかかわっている人間のすべてがその連合体に属している。林業労働者、森林管理官、木材生産者などからなる林業・木材産業クラスターは、グループとしては連携がとれているように見える。クラスター内の就業者数は約一一万人。労働市場全体から見れば非常に小さなグループにすぎない。そのため、政治的な重みを増したい場合は、家具メーカーや製紙会社や出版社などの巨大産業がそこに加えられる。ちなみに、クラスターに所属する経済セクターは、勝手に一員にされていることが多い。出版社の会議に呼ばれると、私は決まって冗談まじりに、林業・木材産業クラスターについて質問することにしている。これまで質問された人たちは、誰も自分たちの会社が林業・木材クラスターに属していることを知らなかった。

林業・木材産業界は、そうした架空の経済連合体を結成し、就業者数を一〇倍増やして、一一〇万人に引き上げたつもりでいる[157]。「これで、大丈夫だ！　いまの我々には政治的な影響力がある。伐採の縮小を求められたら、雇用の問題をもち出せばいい。結局のところ、木を伐採しないことは、失業者をつくることと同じなのだ！」

カナダで最も有名な環境保護活動家デヴィッド・スズキは、カナダの伐採業者が、過剰な伐採の現実を明らかにしていると語っている。彼はある日、テレビ番組の撮影のためにバンクーバー島にある伐採業者のキャンプを訪れた。すぐさま、森から三人の大柄な男が出てきて、チームを追い払おうとした。ところが、意外なことにそこで林業についての議論が始まった。デヴィッドはこう説明した。「環境保護主義者で伐採に反対する人はいない。私たちはただ、自分の子供や孫に、丈夫な木を切らせてやりたいだけなんだ！」すると、大男の一人がいった。「私の子どもたちは樵(きこり)にはならない。そのころには、もう木は一本もないだろうから！」[158]

本章のタイトル「全員が同じ方向へ進む必要があるのか？」に対して、私はこう答える。「いや、全員でなくてもいい」と。最後の頑固者が理解するまで待っていたら、林業改革に必要な手順を正しく踏むことができないからだ。かたくなに木を伐採しつづける頑固者たちは、国民から託された森を責任をもって扱えることを、何十年もかけて証明しようとしてきた。それが成功しなかったことは、現在の森の状態を見れば明らかだ。したがって、長いあいだ、過ちをおかしてきた林業従事者には、二つの選択肢しか残されていない。過ちを認めて行動を改めるか、自らが引き起こした問題の処理はすべて引き受けて、森林再生を地道に進める役割は他人に託すかのどちらかだ。

頑固者集団が方向転換するかどうかを見とどける時間は、私たちには残されていない。いまこそ、森には「新しい風」が必要だ。その風は林業システム全体を変えることでしか吹かせることはできない。

じつは、もうその風は吹いている！

新しい風

林業システムを変えるべき時が来た。システムを刷新するよりもいい方法があるだろうか？私のような年寄りの行動力は限られているため、元気な若者にその新しい林業システムを学ばせてみてはどうか？　現在、ドイツの大学では、大学側がそれを望むと望まざるとにかかわらず、伝統的な林業しか学べないことになっている。そのため、大学での専門教育とその後の森林局での実地研修はすべて、森林管理全般を知り尽くしたエキスパートではなく、公務員になるための準備期間になってしまっている。連邦と州の森林行政機関は、森林最高責任者会議を通じて、大学のカリキュラムの決定に大きくかかわっている。森林最高責任者会議とは、連邦と州の森林行政機関の最高責任者からなる専門家委員会である。この委員会は定期的に、ドイツ全体にかかわる林業の課題について議論し、その対応策を決定している。また、林業教育については、公務員になるための要件をまとめたカタログを学生向けに発行している。したがって、連邦と州の森林行政機関は、木材市場だけでなく、人材教育と労働市場にまで干渉し、かなりの圧力を加えていると考えていいだろう。

森林行政の最高責任者たちが、森林を木材工場としか見ていないことは、彼らが議論の際につかう言葉からもうかがえる。

たとえば、森林最高責任者会議では、針葉樹と広葉樹のどちらを植えるかを議論する際、「針葉樹の木材を植えるか」、「広葉樹の木材を植えるか」といった言葉が飛び交う。そんないい方をするなら、実際に木材を植えていただきたい。植えられた木材から芽が出ないことがわかるだろう。つまり、森林行政の最高責任者たちは、家畜小屋にトンカツを並べて、豚が生まれてくるといっている養豚家と同じなのだ。

また、森林最高責任者会議のメンバーたちは、樹木が十分成長した森を生態系として扱わない。彼らにとっていちばん大事なことは、一ヘクタール当たりの森林蓄積量。具体的にいうと、これから木材になる木の体積である。つまり、森は大きな備蓄倉庫であり、森林管理官は商品のストック量を確かめたり、足りない分を植林で補ったり、収穫可能な木を探したりする倉庫管理者というわけだ。収穫期を迎えた成木は、まるでイチゴのように「完熟木」と呼ばれる。ところが、ほとんどの「完熟木」は、赤いイチゴと違い、寿命の三分の一にも達しておらず、果物ならまだ青い状態だろう。収穫の時期は行政規則で定められているが、木材市場の需要に応じて変動する。つまり、幹が太くなったブナやナラの成木は、一定の直径を超えると査定されて「最終工程」へと送られる。そこでは、あまり想像したくないが、壮絶な死が待ちうけている。

木を「殺す」という罪の意識から解放されたいがために、大学教授だけでなく、天然林で伐採を行なっている多くの森林管理官も作り話を語りつづけている。「我々は、法律で禁止されている木材生産を第一目的とした伐採は行なっていない。親木の陰でまともに育たない哀れな若いブナの木を助けているだけだ」と。森林に多くの副次的なダメージをもたらす伐採は、林業では「森林更新〔既存の森林を伐採して新しい森林を造ること〕」と呼ばれている。「更新」という言葉は聞こえはいいが、実際は、樹木が長い年月をかけてつくり出した根のネットワーク〔『樹木たちの知られざる生活』を参照〕を破壊している。すべての伐採を「森林保全」と見なすのは、皮肉に近い。肉屋が自分たちは動物飼育員であると主張するようなものだろう。

「森は木材を生産する機械である」と教育された人は、自然の素晴らしさに鈍感になる。巨大な収穫機が森の土壌を圧縮しても、大量の木が伐採されても、何も感じなくなる。私の友人であり、スウェーデンの環境保護活動家でもあるセバスティアン・キルップによると、伝統的な林業しか学んでいない林業従事者には、絶滅危惧種に関する専門的な知識が徹底的に不足しているという。そのため、セバスティアンは、地衣類など、非常に珍しい生物が生息している場所を林業従事者に案内している。それが功を奏して、多くの森林が林業界の反対をよそに保護されるようになり、セバスチャンはスウェーデンの林業界から最も嫌われている環境保護活動家と呼ばれるようになった。

また、森林所有者は、疑問をもっても、セカンドオピニオンを得る機会がないという状況が続いている。森林評価士をはじめとする林業の専門家はみな、大学を卒業後、連邦や州の森林行政機関で研修を受けているため、フリーランサーであっても、結局は役人と同じことしかいわないからだ。

私も二〇一八年、ヴェルスホーフェン村の森でそれを体験した。私たちは法律で定められた森林調査を、フリーランスの森林評価士をとおして実施した。州の森林調査は、いまだに、同種・同年齢の木を人工林のようにいっせいに並べた、いわゆる「年齢階級の森」を評価基準にして行なわれている。ヴェルスホーフェン村の森では、そうした型にはまった調査は避けたかったため、村の自治体議会は、森林アカデミーの助言に従い、フリーランスの森林評価士を起用することに決めた。ところが、私たちの期待は大きく裏切られた。その森林評価士は自治体議会で「ヴェルスホーフェン村の森林は、森林アカデミーの影響でますます広葉樹林化し、針葉樹の植林地が後退している」と警告したのだ。それだけでなく、伝統的な林業との決別を避けるために、トウヒやベイマツなど針葉樹の植林とブナの古木の伐採を勧めた。ここで注目したいのは、森林評価士がその助言をしたのが、三年連続の記録的な干ばつが起こる直前の二〇一八年五月だったこと。ご存じのとおり、その干ばつにより、植林地のトウヒは大量に枯れ、針葉樹の植林の弱点があらわになった。自治体議会が森林評価士の助言に従わなかったことはいうまでもない。

何年も前から、熱意のある森林管理官たちは、生態学に基づく森林管理に特化した新しい学問の必要性を説いてきた。林業の雇用市場に新たな選択肢を生み出すためには、教育システムの変革が必要だ。このアイデアは、森林アカデミーの中でも以前から出されていたが、創設したばかりの学校では、その計画をすぐに始めるわけにはいかなかった。

ところが、転機は偶然訪れた。二〇二〇年の夏、科学雑誌『GEO』の編集長イェンス・シュレーダーとマルクス・ヴォルフが、編集チームを引き連れて私を訪ねてきた。アカデミーを見学し、一緒に昼食をとり、「ヴォールレーベンの世界観」について話を聞きたいという。昼食後、私たちはまず、雑誌の将来について、つまり、出版市場が低迷する中、『GEO』と私が今後も協力関係を続けていく方法について話し合った。時代の流れに反して、『GEO』の売り上げは好調だった（ありがたい！）。そのおかげで、二〇二一年も一緒に特集を組むことが決まった。話し合いは、コロナウイルスの感染予防のためでもあったが、アレムベルク山が一望できる地元のホテルのテラスで行なわれた。休火山のアレムベルク山の頂上は広葉樹の天然林におおわれている。食後にコーヒーを飲みながら山を眺めていると、シュレーダー編集長が「将来の夢はありますか？」と私に聞いた。

正直なところ、そのとき何と答えたのか私は覚えていなかったのだが、その数週間後、シュレーダー編集長から「独自の森林管理学科をつくりたいというあなたの夢の実現をサポートしたい」というメールが送られてきた。エバースヴァルデ持続可能開発大学のピエール・イービッシュ教授と共に、スポンサーや提携大学を探して、とにかく計画を始めてみようという。私はメールを読んで震え上がるほどの感動を覚えた。長年の夢が実現可能であることが、突然明らかになったからだ。

私のことをよくご存じの人は、私が有言実行を好み、真の進歩を導くものであれば、おかしなアイデアであっても、実現してきたことを知っているだろう。たとえば、一九九〇年代末、生まれ故郷のブナの天然林を保護するための資金調達の一環として、森でサバイバル講習会を開いた。そのブナの天然林は伐採される予定だったが、私の活動が功を奏し、市長は足りない木材収入を別の方法で補うことに同意した。観光局からは見放され、森林局からは嫌味をいわれたりしたが、「アイフェルの森のサバイバル講習会」は結果的に成功した。講習会の参加者を連れて何日も森を歩き回り、木の根や幼虫を食べながら生き延びる森林管理官の姿は、テレビ局にとって最高のネタになった。その結果、アイフェル地方は有名になり、自治体の収入も増加した。

しかし、独自の森林管理学科の設立は、森でサバイバル講習会を開くこととはわけがちがう。新だからこそ、問題も、新たなチャンスも生み出される。では、まずチャンスから見てみよう。新学科の設立は、それ自体がいちばん大きなチャンスになる。考えていただきたい。「生態学に基づく森林管理学」を公に学べるようになれば、他の林学関連学科はどうなるだろうか？　それらは、従来の農学関連学科と同じように「保守的」というレッテルを貼られて大学の隅においやられるだろう。

幸運なことに、私たちはすぐに寛大な支援者を見つけ、教授二人とコーディネーター一人を雇用するための資金を確保することができた。そのおかげで、学科設立前の経済的負担について悩む必要がなくなった。

では、新しい学科はどの大学に設置すべきだろうか？　イノベーションとエコロジーに取り組んでいる大学以外には考えられない。したがって、私たちはエバースヴァルデ持続可能開発大学を設置先にすることに決めた。エバースヴァルデ持続可能開発大学はドイツでは非常に小さな大学の一つだが、伝統的な林業に反対してきた歴史がある。「有言実行」というわけで、二〇二〇年一二月、同大学との最初の協議が行なわれた。ところが、その後の展開は、まるでスズメバチの巣を触ったのも同然だった。学長や学部長の意向とは裏腹に、林学部の責任者たちは私たちと話し合おうともせず、そのあいだに、さまざまな機密情報が学外に漏れてしまった。学内だけでなく、公の場でも醜聞が飛び交い、私たちの計画は、林学の専門家だけでなく、あっという間に世間にも知られることになった。科学雑誌『GEO』の編集長イェンス・シュレーダーは事の成り行きを真摯に報道しつづけた。というのも、森林と森林利用について社会全体で議論を行なうことは、私たちの将来計画の一部だったからだ。

　林学の専門家がそうした防衛反応を示すわけは、自分たちがこれまで扱ってきた既存の学問が世間から見放されることを恐れているせいだろう。林学部がある複数の大学が出した共同声明には「生態学はすでに既存の学部のカリキュラムの中心的な構成要素であるため、その計画は中止されるべきである」と明記されている。もし本当にそうであれば、つまり、私たちの新しい学科が余計なものであれば、林学部の責任者たちは、新しい学科が学生不足で消えていくのをただ黙って見ていればいいだけだろう。ちなみに、共同声明には、林学部の責任者だけでなく、大学も署名している。つまり、大学全体が団結して拒否しているように見える。[159]幸いなことに、すべての大学が私たちに反対しているわけではない。いくつかの大学からは心強い応援メッセージが届いた。

大学が抱いているもう一つの大きな懸念は、若い学生たちのことだろう。いま、既存の林学を学んでいる学生は、間違ったことを勉強していることになるだろうか？　そんな彼らが突然、新しい学科に所属する学生たち、つまり、真逆のことを勉強している学生たちと対面したらどうなるだろうか？　そんな想像は取り越し苦労にすぎない。というのも、新学科の入学定員は、二〇～三〇人と小規模にとどめる予定だからだ〔ドイツのほとんどの大学は国立大学であり、しかもその数は少ない。よって一つの大学、または学部の学生数は日本の大学よりもはるかに多い〕

私たちは学部内の対立などまったく意識していないが、そのような危惧を抱きながら、議論を進めている人が多くいる。伝統的な林業は、皆伐地の拡大が示すとおり、「森林破壊」という終点にたどり着こうとしている。森は成績表のように正確に、既存の林学教育の問題点を明らかにしてくれる。現状を見るかぎり、大学のカリキュラムが植林管理に焦点を当てすぎているか、卒業生が大学で得た専門知識を森の健康を促進するような方法で応用していないかのどちらかにしか見えない。つまり、森が出す成績表に従えば、既存の林学教育はゼロ点ということになる。いまこそ、林学教育を改革するときだ。古い価値観を捨て、森林管理の方法を根本的に変えるためには、若い人材を育成しなくてはならない。幸いなことに、森の生態系は、これだけの被害を受けてもなお柔軟で力強い。まだ手遅れにはなっていない。

森はふたたび戻ってくる

「森はそのままにしておくと、再生する」——最終章は、あえてポジティブなテーマでしめくくりたい。

　現在、多くの木々がダメージを受けているとしても、森や林と呼ばれる場所はすべて、人間がそのままにしておきさえすれば、再生する。地球の長い歴史の中で、森林は数百年、または、数千年に一度、大災害に見舞われ、再生を繰り返してきた。ただし、大災害の発生頻度（木が一生のあいだに体験する大災害の数）は地域により異なる。たとえば、北アメリカの東部にある広葉樹林は最も多くの災害を体験している。そこでは、山脈が北から南に走っているため、南からの暖気と北からの寒気がバランスよく混ざり合い、特に激しい嵐が発生するからだ。ヨーロッパのアルプス山脈のような東西に走る山脈はそこにはない。そのため、ブナやナラやカエデなどの広葉樹は、一〇〇年以上生きられずに、嵐により倒されてしまうことが多い。

　いっぽう、ヨーロッパの森ではそうしたことは起こらない。原生林の広葉樹なら、五〇〇年以上生き延びることができる。大規模な暴風雨はほとんど起こらない。起こったとしても、森は人間が放っておきさえすれば再生する。

それなのに、多くの人は森の（自己）再生能力を信じようとしない。人工林の所有者が、手間暇かけて育てた針葉樹から木材を生産している姿は、少なくとも林業の中では美化されている。ここ数年、私は自分が管理する森の近くにある死にゆくトウヒの人工林を観察しているが、その森の状態は、私たちに林業のジレンマだけでなく、新たな可能性も示してくれているように見える。

二〇一八年夏、その人工林の端の一角がキクイムシに襲われた。遠目にも、トウヒの樹冠が、緑から赤茶色に変色して枯れかかり、死と戦っているのがわかった。本書でも説明したとおり〔第一部の「森のエアコン」と第二部の「お金は増えるが、森は減る」を参照〕、枯木はそのままにしておくほうがいい。完全に枯れた木はキクイムシももう寄りつかなくなるからだ。ところが、その人工林の所有者はすべての枯木を伐採してしまった。そして、同年の冬、そこで中程度の暴風雨が吹き荒れ、枯木の伐採によりできた森の穴に雨風が一気に侵入した。人工林の端に立つ木々は、これまでどんな嵐にも耐え、暴風壁のような働きをしてきたにちがいないが、それらの木々は伐採されてもう存在しない。そのため、その背後にあったトウヒの樹冠は激しい雨風に打たれて、頼りなげに揺れていた。そして最後には、数百本の木が倒れた。春になると、その人工林の所有者は、倒れた木をすべて伐採し、被災の痕跡をすべて消し去ってしまった。じつは、これが悪夢の始まりだった。翌年の冬の終わりに嵐がふたたびやって来ると、残っていたトウヒはほとんどすべて倒れてしまった。

そうこうするうちに、ドイツの木材市場は崩壊した。多くの森林所有者がその人工林の所有者と同じような苦境に陥った。嵐による倒木を免れたわずかな木も続けてキクイムシに襲われたため、ただ伐採に追われていた。結局、被害に遭った森は丸裸にされ、掘り起こされた根だけが暴風雨の恐ろしさを物語っていた。その時点で、林業を方向転換させるべきだっただろう。ところが、そんな状態に陥ってもまだトウヒとベイマツの植林が続けられたのだ。「なぜ、みんな真実を知ろうとしないのだろう?」そんな問いで私の頭の中はいっぱいだった。

二〇二〇年の春、丸裸になったあの人工林には畝(うね)がつくられ、針葉樹の苗木が直列に植えられた。しばらくすると、苗木と苗木のあいだから広葉樹や薬草が芽を出した。それはまるで、自然がこっそりと、助けの手を差し伸べているかのように見えた。ところが、人工林の所有者は針葉樹のために雑草と戦うことを決めた。春が終わるころには、トウヒの苗木を邪魔者から解放するために、畝に生えたトウヒ以外の植物をすべて除去してしまった。それに対する自然の反応はすぐに起こった。まず、五月中旬に遅霜が降りて、多くの苗木の新芽が凍ってしまった。苗木の周りに生える雑草は、寒さを和らげてくれたにちがいないが、それはもうなかった。夏がやって来ると、今度は干ばつが起こった。苗木は日陰不足で弱った。その結果、植えた年に苗木の多くが枯れてしまった。ちなみに、近くの天然林に生える何千本ものポプラとシラカバとヤナギとブナが枯れることはなかった。

とはいえ、森はまだ死んでいない。希望はまだ残されている。なぜなら、自然は待つことができるからだ。針葉樹の人工林の所有者が失敗を受け入れず、ふたたび針葉樹を植林しても、自然は何度でも助け船を出してくれる。人工林では、毎年、どこからか広葉樹の種が飛んできて、自然と芽吹き、気候変動や干ばつをものともせずに成長している。自然はそうやって、お金のかからない新しい林業の方法を私たちに教えてくれている。皆伐地を見ていい気分になる人はいないだろうが、私は皆伐地の前を通るたびに、希望を感じて、笑顔にならざるをえない。

ほとんどの森林所有者は古典的な林業界の慣例に従っている。そう考えると、あのトウヒの人工林の所有者の行動は驚くに値しないだろう。連邦食糧・農業省の森林政策科学諮問委員会の委員長ユルゲン・バウフース教授でさえ、二〇二〇年の時点では、数億年後、森林が自力で再生を果たす可能性があるなんてことは信じてはいなかったようだ。教授は日刊紙『シュトゥットガルト新聞』のインタビューの中で、林業が陥っているジレンマと保守的な林学者の傲慢さを如実に示す発言をしている。「科学的知見に基づいた専門家レポートを作成することが我々（森林政策科学諮問委員会）の役目だ。したがって、自然の自己治癒力というような根拠のない作り話で政策提言を行なう余裕は我々にはない[160]」この発言についてじっくりと考えていただきたい。森林に関する最も重要な助言をあたえる諮問委員会の代表者が、政治家たちに対して「自然はもはや我々が扱うテーマではない」と明言しているのだ。もしそれが本当なら、森は人間が人工的につくりつづけなければ消えてしまうということになるだろう。シベリアの広大なタイガやアマゾンの熱帯雨林が、こんなにも長く存続できたことはどう説明すればいいだろうか？　自然に対する否定的な見方が浸透した結果、林業はいよいよ地に足が着かなくなっている。気候変動がもたらす問題を解決するためには、自然に対してもっと謙虚であることが必要だと私は思う。

森の再生力がどれほど強いかは、自宅の庭や街の街路樹を観察すれば、すぐにわかる。たとえば、庭は放っておくと、雑草や見知らぬ若木がどんどん増えてくる。一〇年間、庭の手入れをしなければ、若木の森ができあがるだろう。また、夏の干ばつにも負けず、雨どいや家の壁面に根を張るシラカバも、木の強い生命力を表している〔ヨーロッパの古い建物には、シラカバの木が壁や屋根から生えていることがある〕。

ある日、私は森林アカデミーのイベントの参加者を待っていたときに、感動的な発見をした。集合場所は、ヴェルスホーフェン村の公園内にあるバーベキュー小屋。駐車場の隣には誰も使用していないテニスコートがあった。干ばつの夏が二〇一八年から三年間続き、手入れをする人がいなくなったため、テニスコートは幼木でいっぱいになっていた。そこに立つ何百本もの幼木は、乾燥して固くなった土壌から芽を出し、炎天下の中で根を伸ばし、三年間続いた記録的な干ばつを無傷で乗り切った精鋭たちだった。極めて不利な条件下でも、新しい森は育つ。それを実際に目にしたとき、私の心の中から将来への不安は消えていった。確かに、資源の消費を抑え、大量の二酸化炭素を大気中に放出することはやめなければならない。また、多くの植物種や動物種の絶滅を食い止めるためには、自然保護区を拡大しなければならない。とはいえ、テニスコートの勇敢な木の子どもたちは、破壊された自然や森にも自然治癒力があることを、私にはっきりと教えてくれた。

野生の幼木は、土地の気候に対する適応力と遺伝的多様性が高いという素晴らしい特性をもっている。いっぽう、種苗(しゅびょう)会社の苗木はそういった特性を生まれながらもっていない。植林地で育てられた苗木は、林業界が望むような育ち方しかしない。幹は太い枝をつけず、それほど太くならずに、まっすぐに伸びる。そのため、板や梁に加工しやすいという特徴がある。つまり、種苗会社の苗木は、視覚的、技術的な特性だけが優れているのだ。この木には社会性があるだろうか？　学習能力は高いだろうか？　苗木を選ぶ際に、そうした特性が考慮されることはない。論理的思考力は問われるが、社会的能力は問われない。ある意味人間の知能テストに似ているかもしれない。

野生の幼木は、林業界が望むような形で成長するとはかぎらないが、生存能力は極めて高い。そのため、将来の林業ではよりよい選択肢になる。なぜなら、未来の地球にとって、木材の生産量の維持よりも森林の存続のほうがより大きな課題だからだ。

森のガイドツアーをしていると、ツアーの参加者から同じ質問を何度もされる。「こんな荒れ放題の森が、ふたたび原生林に戻る可能性はあるのですか？　それとも、原生林の再生は不可能なのですか？」と。木材生産のために森を利用してきた人類は、収穫機により森の土壌を回復不能なまでに圧縮し、木の根が育ちにくい土壌をつくり上げてしまった。その結果、多くの生物種（特に細菌のような微生物種）が絶滅し、それらを復活させることは不可能な状況だ。古木も太い枯死木も残っていないような森を再生させようと努力することは、蜃気楼を追いかけているようなものなのだろうか？

私はそうは思わない。多くの人は森の見方を変えるべきだ。森は好条件下であっても、少なくとも幼木が成木になるまでのあいだ、放置されなければ、原生林には戻れない。つまり、その期間は伐採を禁止しなければならない。樹種によっては、その期間が何世紀も続くことがある。そうした方法をとることは、人間のようなせっかちな存在にとっては耐え難いことだろう。多くの人は行動力を発揮しないでいると、「本当に何もしないで、原生林が復活するのだろうか？」という不安を覚えるにちがいない。とはいえ、森は本当に原生林に戻らなくてはならないのだろうか？　野生に戻れば十分なのではないか？　ドイツ語辞典『ドゥーデン』によると、「野生」という言葉は「人が入らない、開墾されていない、人が住んでいない」と定義されている。そこに「操作されていない」を加えると「自然」になる！　つまり、自然とは、人間が何世紀にもわたり苦労してつくり上げた耕作地や都市とは正反対のものなのだ。人間が森への介入をやめると、すぐさまヴェルスホーフェン村のテニスコートと同じようなことがいたるところで起こり、森は本来の姿を取り戻すだろう。放置される時間が長ければ長いほど、森は野生に戻っていく。

ちなみに、私は「自然」よりも「野生」という言葉のほうに魅力を感じる。「野生」は情熱的で、自由と冒険の香りがするからだ。「自然」はすでに官庁の専門用語と化しているため、「野生」のほうが純粋な感じがする。連邦自然保護庁（ＢｆＮ）によると、ドイツには八八三三の自然保護区があり、それが国の総面積の六・三パーセントを占めているという。別の自然保護区のカテゴリーであるナチューラ二〇〇〇地域（ＥＵの自然保護区のネットワーク）は、さらに多く、国の総面積の一五パーセントを占めている。[161]とはいえ、公表されているそれらの数値が正しくないことは、「ハイリゲ・ハレン」のブナ林の例ですでにおわかりいただけたと思う。同じようなことは、国立公園に至るまで、多くの自然保護区でも起こっている。このように「自然」という言葉は歪曲され、誤用され、人間が自然への介入をやめるという素晴らしい目標は、紙の上だけで実現されているにすぎない。

いっぽう、「野生」という言葉には「そっとしておきたい」と、どんな人にも思わせる力がある。そのため、「野生」は、人間が野生動物と植物に譲りわたした土地を表す最適な指標となっている。ドイツの場合、二〇二〇年時点で「野生」と認定されている地域は国の総面積の〇・六パーセントにとどまる。つまり、EUとドイツが指定している自然保護区のうち、本当に保護されている地域は〇・六パーセントにすぎない。ドイツ政府は二〇二〇年までに野生認定地域を二パーセントにまで引き上げる目標を立てたが[162]、その目標値の小ささが、どんな自然保護区も結局は何の制限にもならず、私的な利益が優先されてきたことを物語っている。その証拠に、国立公園でも皆伐が行なわれ、その規模は人工林よりもはるかに大きい。しかも、伐採された木は近隣の製材所に売られ、自然保護区内の貴重な資源を文字どおり枯渇させている。

したがって、これからは「野生」という言葉に注意を払っていただきたい。それ以外の言葉は、ほとんどの場合、真実を表していない。

「自然」から「野生」への方向転換は、森林アカデミーが主導する保護プロジェクトでも生かされている。このプロジェクトは、比較的健康なブナの天然林を小作地として回収し、商業ルートから外すために開始された。プロジェクトの最終目標は、原生林を一刻も早く再生させること。プロジェクトに参加した森林所有者（おもに自治体）は、保護区での伐採を中止すれば、金銭的な補償が受けられる。つまり、一本も伐採することなく、賃料として原木販売と同程度の収入を得られるという仕組みである。一ヘクタール当たりの賃料は、皆伐で発生する原木価格よりも高い。賃料を得たあとは数十年間無収入期間が続くが、それは小作地として貸し出した場合も、皆伐をした場合も同じである。ただし、小作地として貸し出した場合、森林は保護されるため、時期が来れば、森林所有者はすぐに賃料を、さらに利子まで受け取ることができる。しかも、賃料は木材市場に左右されないため下がることはない。私たちの目標はドイツのすべての森林所有者をこのプロジェクトに参加させることだ。人間が森に介入することをやめ、森が自然に再生するのを待つことにすれば、枯れたトウヒの人工林であっても「野生」を取り戻すことができる。ただし、それには前提条件がある。枯れたトウヒは森に残すこと。枯木は日陰をつくり、若木を暑さから守ってくれるからだ。トウヒの人工林を放置すると、広葉樹の若木が育ち、新しい森が生まれる。新しい森は、ブナの古木が集まる貴重な森林地帯を取り囲み、気候変動の影響を緩める緩衝材として機能してくれるにちがいない。

森が野生に戻れば、森林生態系の働きを活性化させている小さな土壌動物（土壌中に生活する動物と生物の総称。大型のモグラから小型のミジンコまで含まれる）も戻ってくるのか知りたいという人が多くいる。ササラダニやトビムシなどの小さな虫については、トウヒやマツの人工林でも森林再生を進めれば戻ってくる可能性が高いことがわかった。トウヒとマツは、ヨーロッパのほとんどの地域では外来種であるため、それらの木を好んで食べる虫はもともとヨーロッパにはいなかった。ところが、私が管理していた森で調査を行なったところ、酸っぱい針葉を好んで食べる虫もヨーロッパにはいるようで、それらは森林再生中のトウヒやマツの人工林にも出没していた。とはいえ、人工林とブナの天然林とでは、虫の種類の割合が明らかに違っていた。

では、小さな土壌動物たちはどうやって自分が好む木がある森に移動したのだろうか？　おそらく、動物に乗って移動したのだろう。たとえば、イノシシは泥地に身体をこすりつけて、毛についた寄生虫を追い払う。その際に別の虫が身体についてしまうため、次の泥地でそれらをまた追い払うことになる。しかし、この場合、多くのササラダニやトビムシは生き残れないだろう。それよりも優しい移動手段がある。それは鳥だ。鳥は、イノシシと同じように、寄生虫を追い払うために砂浴びをする。羽を逆立てて、地面に寝そべり、羽のあいだに砂や腐植土を入れる。それを数分間続ける。その後、勢いよく体を揺らして砂を払うと、別の森へと飛び立っていく。もちろん、鳥の背中には、次の砂浴びで追い払われる虫も数匹乗っている。

森から森へと旅する虫よりも小さな旅人がいる。それが細菌と菌類だ。細菌と菌類なくして、樹木は存在しない。ホロビオントのことを思い出していただきたい。ホロビオントとは、樹木（人間も）が何千もの微生物とともに形成する生態系のことである。細菌と菌類は、動物だけでなく、風に乗っても移動することができる。風は、菌類の小さな胞子を地上に巻き上げ、あらゆるところへ運んでくれる。環境科学者のバラ・チャウダリー博士率いる研究チームは、シカゴにある五階建ての大学の校舎の屋根の上から、一二カ月間で四万七〇〇〇個の菌類の胞子を検出することに成功した。驚くべきことに、検出された胞子は、土の中で植物の根とともに生態系を形成する菌類のものだった。通常、土壌に生息する菌類は、地上に生息する菌類と違い、胞子を撒き散らすことができない。しかし、発見された胞子の多くは、農地の菌類のもので、耕作時に砂埃とともに風に舞い上げられたものだった[163]。

森では、土壌は耕されない。むしろ、その逆のことが行なわれている。土が風に飛ばされないよう、木々の根が土壌を固定している。とはいえ、大型の菌類であるキノコは、草原や牧草地の仲間と同じように、地上でカサを広げて、そこから無数の胞子を風に乗せて飛ばしている。胞子は肉眼でも観察できる。白い紙の上にキノコのカサを一晩置いておく。翌朝、カサを取ると、カサの裏側にふれていた部分が茶色く変色している。それが夜のあいだに放出された胞子だ。

ちなみに、あなたもこの本を読みながら、菌類の胞子を吸っている。というのも、空気中には、一立方メートル当たり一〇〇〇〜一万個の胞子が浮遊し、私たちは一回の呼吸で多くて一〇個吸いこんでいるからだ[164]。

原生林でしか生育しないキノコがある。それらの胞子を拡散させるためには、原生林の再生が必要不可欠である。だからこそ、ヨーロッパに残されたわずかな原生林を守ることが重要なのだ。原生林が残っていないドイツのような国は、ハイリゲ・ハレンのような原生林の痕跡が残っている森を確実に保護する義務がある〔著者は、厳密な意味で原生林というものはドイツには存在しないと考えている。第一部の「森のエアコン」でも説明があるとおり「ドイツ最古のブナ林」と呼ばれるハイリゲ・ハレンでさえ、伐採が行なわれた歴史がある。原生林とは「これまで一度も人の手が加えられたことがない森」を指す。いっぽう、天然林は「長期間、人の手が加えられていない森」を指す」。そうした原生林の欠片が守られれば、そこから、菌類や細菌や土壌生物が新しい森へと旅立っていくことができる。それらは新しい森で木々が生態系を再構築するのを助けてくれるだろう。

野生の森を取り戻すことは大きな喜びであり、私たちに「変化こそが自然！」という大切なことを思い出させてくれる。自然という振り子は、圧力をかけられればかけられるほど、手放されたとき、つまり、自由にさせられたとき、より早く元の状態へと戻る。特に、振り幅が大きなところは変化が見えやすい。数年も放置すれば、畑は若木におおわれ、森はポプラやシラカバが一〜二年ごとに一メートルずつ高くなって再生してゆくだろう。そうした変化は、散歩をしている私たちの目にも見えるようになる。現在、最も深刻な問題は、人工林の崩壊だが、人間が森に介入することをやめれば、緑の砂漠は劇的に変化し、ふたたび緑豊かな林野へと戻るだろう。もちろん、放置後しばらくのあいだは、トウヒやマツの葉が落ちて、森は死んだような状態になる。しかし、遅くとも一年後には、地面全体が雑草と薬草と何千もの幼木でおおわれる。さらにもう一年経つと、数本の若い広葉樹がそびえ立ち、他の植物の上に陰を落としはじめる。五〜一〇年後には、森全体が若木でおおわれ、雑草と薬草と低木は若木の陰で次第に姿を消していく。あちらこちらでナラやブナやカエデなどが、シラカバやポプラの下に紛れこんで急速に成長し、数十年後には森を完全に支配してしまうにちがいない。

そうした変化のプロセスを近隣の森で確認したいなら、森の中の同じ場所を定期的に写真に収めるのがいいだろう。撮影場所は、何年経ってもわかりやすい、林道の分かれ道や見晴らしのよい場所がおすすめだ。木はゆっくりとしか成長しないが、定期的に撮影した写真の中では変化が見えやすい。

いったい何のためにそんなことをする必要があるのか？　それはモチベーションを上げるためだ！　ポジティブな変化を目の当たりにすると、未来を変える勇気が湧いてくる。しかし、私がここで述べているのは、単なる楽観論ではない。私たちが森に課した課題に森は必ず応えてくれる。そうした希望をもってもいい、と私はあなたに伝えたいだけだ。大切なことは、生態系を再構築する方法は、樹木自身がいちばんよく知っているという事実を私たち人間が理解することである。

近年、科学者たちは、地球が地質学上の新時代に突入したとして、それを「人新世（じんしんせい）（気候変動、生物多様性の喪失、人工物質の増大、化石燃料の燃焼、核実験による堆積物の変化などを特徴とする新しい時代）」と名づけた。この時代は、私たちが終わらせなくてはならない。とはいえ、私は人類や現代文明の破滅を提案しているわけではない。いまこそ、人類は自らを自然の循環プロセスの中にふたたび組み入れ、他の生物により多くの自由をあたえ、すべての生物が安心して暮らせる地球の構築を目指すべきだ、といいたいのだ。かつて、地球上の大陸の大半は森林でおおわれていた。その森林を広い範囲で再生させることは、未来への希望につながるだろう。それを実現する方法は、食肉消費量の削減などを例に挙げて説明したとおりである。近い将来、新たな地質時代として「樹木世」が提唱されることを私は願っている。

本章のタイトル「森はふたたび戻ってくる」は、映画『樹木たちの知られざる生活』の中で私が口にした言葉の一部を切り取ったものだ。その全文を最後に紹介して本書をしめくくりたい。なぜなら、それを読むことであなたは、視点を未来へと広げる必要があることを理解するだろうから。「森はふたたび戻ってくる。私たちがまだ生きているあいだにそれが見られるなら、どんなに素晴らしいだろう！」

森林に対する無知と慎重さについて
――ピエール・イービッシュによるエピローグ

人類が引き起こした気候変動という大問題が、社会を大きく揺るがしている。事態は私たちが思っている以上に深刻だ。気候変動は、私たちが住み慣れた世界に計り知れない危険をもたらす。数十年前、科学者が地球温暖化の自然界への影響を調査しはじめたとき、そのリスクはまだ明らかにされていなかった。未来に何が起こるのかは、誰も想像できなかった。ところが、数年前から、問題は目に見える形となって現れている。多くの地域で、森林が危機にさらされている。自然界のあらゆるものが乾燥して森林火災が増加し、樹齢数百年の木が、数年続いた干ばつに耐えられずにどんどん枯れている。乾燥した熱風は繊細な植物の組織にダメージをあたえ、動物は水と食料不足にあえいでいる。

気候変動は、人間にも自然にもストレスをあたえている。そのせいで、林学をはじめとする自然科学は、前代未聞の混乱に陥っている。現代の科学者は、答えのない問いに答えることを要求されている。これから何が起こるのか？　未来の森はどうなるのか？　将来起こりうる問題に備えるために、私たちはどう変わるべきか？　科学者や専門家は突然、新しい知識を提供したり、事実を確実に伝えたりするだけでなく、不確実な未来に知的に対処することを求められるようになった。そのため、森林管理官は、長期的な森林計画を立てることを余儀なくされている。現在の林業は未来予測のうえに成り立っているといっても過言ではない。しかし、そうした方法は「未来の状況はいまとほとんど変わらない」という前提があってこそうまくいく。

これまで、科学者は、自然現象を正確に測定し、記述し、生物を形状や構造や機能ごとに分類してきた。また、ある現象がなぜ起こるのかを説明するために、自然の法則やルールを見つけてきた。林学者は代々、木がどのように成長し、一生のあいだにどれだけの木材を生産するかを研究してきた。その研究結果をまとめて作成されたものが「収穫表」であり、森林管理官はその表をもとに収穫期と収穫量の予測を立てている。彼らは森林を管理するうえで大事なことは、森の状態と樹種の適合性を正しく評価することだと考えている。特に、デジタル化が進んだ現代では、コンピュータモデルによる計算で、より正確な評価が出せるようになったといわれている。しかし、そうしたコンピュータモデルは、基準設定の範囲内でしか機能しない。重要な数式や係数が入力されていない、または、その存在すら知られていなければ、間違った結果が導き出されるだろう。過去に、どれほど多くの木の成長が測定され、記録されたとしても、将来、気候が変動すれば、それらのデータをもとに導き出された数式や係数はもはや何の役にも立たない。

つまり、気候変動は人間の計画を狂わせている。気候は突然変化した。数十年後、私たちが住む地域は、温暖化と降水量の減少が加速して気候が完全に変わり、在来種の植物や動物がもはや生きられない状態に陥っている可能性がある。あくまでも仮定だが！　しかし、それはいつ起こるのだろうか？　私たちはいま何かを行動に移さなければならないのだろうか？

　昔の森林管理官は、自分たちが植えて育てた木が一〇〇〜一二〇年後に後継者に伐採されるのが当然だと考えていた。それが、いまは当然ではなくなっている。未来を見据えることの大切さは誰もが実感しているが、未来は以前よりも予測しにくくなっている。何世紀にもわたり、人間は努力に努力を重ね、より精密な機器や方法を用いて自然を研究してきた。いまこそ、人間は自分たちが自然についての最も単純な疑問にさえ答えられないことに気づかなければならない。未来はどうなるのか？　私たちはそれを知らない。この無知は、科学者が努力すればなくせるようなものではない。撤回することも、排除することもできない。私たちはこの無知と共存することを学ばなければならない。

　二〇一八年から続いた夏の干ばつのせいで森がダメージを受け、大量の木が枯れて茶色に変色した森林地帯が増えたため、メディア関係者はみなこぞって森を救う方法を知りたがった。「森はどれくらい病んでいるのか？」、「森の死がせまっているのか？」、「どの木が植林に適しているのか？」というような質問が私のもとに送られてきた。とりわけ多かったのは「森に未来はあるのか？」という質問だった。政治家からも同じような質問が届いた。科学者にとってそれは不快な状況だった。なぜならメディア関係者や政治家は、端的で明快な答えを期待し、「〜ともいえるが〜ともいえる」や「知らない」という言葉は聞きたくないと思っているからだ。

質問に簡単に答えられない科学者は、この先もう二度と質問されないかもしれない。そう考えた多くの科学者が、その場しのぎの未来予測を立てて具体的な提案をしたい誘惑に駆られた。そして、将来有望な樹種としてベイマツやアカガシワやカラマツなどの外来種を推薦するようになった。そのせいで、現在、それらの樹種が大量に植林されている。実際のところ、そうしたスーパーツリーは気候変動に対応できない可能性が高い。そもそも、外来種は、病気にならずに新天地の生態系に溶けこむことすら難しい。外来種の植林が増えれば、天然林がさらに弱体化するおそれもある。

トネリコのあいだで「枝枯れ病」が、カエデのあいだで「すす病」が蔓延しているだけでなく、ガやキクイムシなどの害虫の被害も増えている。そのため、多くの樹種が危機にさらされている。特に干ばつと猛暑によりすでにダメージを受けている木は、抵抗力が弱まっているため、それらの犠牲になりやすい。とはいえ、昔も樹木はそうした被害にあってきた。科学者や森林管理官は、被害木の発生場所や発生時期や樹種を知らされては驚いた。病気や害虫の発生を確実に予測できたものはひとりもいなかった。原因は複数あり、それらは相互に作用しているため、予測はそもそも不可能だからだ。結局、いまも昔も科学者や森林管理官が知っていることといえば、気候が変われば、森とそこに生息するすべての生物が大きな危険にさらされているという事実だけである。それ以外の要因で発生する被害は、やはり予測不可能としかいえない。じつは、それを受け入れられないことこそが現代の問題なのだ。予測不可能なことなど何もない。そうした専門家の態度は危険である。

最近、偽の研究結果が多く報告されているが、それも危険だ。たとえば、被害に遭いやすい樹種と場所を色で示した地図をコンピュータモデルで作成している科学者がいる。彼らの多くは、二〇四一～二〇七〇年という今世紀後半の期間を研究対象にしている。対象期間を見るだけで、その結果が精確でないことは明らかだろう。しかも、それらのコンピュータモデルは、非常に特殊な条件下で発生しうる気候を想定してつくられている。しかし、実際の気候は、人間が予測不可能な現象を次々と引き起こし、私たちを驚かせつづけている。現状を見るかぎり、科学者が気候変動の規模とその不確定さを過小評価していることは明らかだ。たとえば、この一〇年間で、四月の気候は変化し、降水量が劇的に少なくなり、気温も大幅に上昇した。この極端な気候の変化を予測した科学者はいなかった。また、ジェット気流が夏に記録的な猛暑をもたらすとはどの科学者も考えていなかった。それどころか、そうしたジェット気流が存在することも、それがヨーロッパの天候に影響をあたえる可能性があることも、私たちは知らなかったのだ。ドイツの広範囲で数年連続して干ばつが起こることを予測したコンピュータモデルはなかった。現在のような森林の危機がこんなにも早く訪れると予想した林学者もほとんどいなかった。危機は文字どおり「予測不可能」だった。

人類と森の未来はどうなるのか？　いま、何をすべきなのか？　私たちはいま、危険な山道を車で走っているのと同じような状態にある。その道は、これまで運転したことがない道だ。私たちはこの先には急なカーブや断崖絶壁があり、ガードレールのない非常に狭い道で突然対向車が現れることを予感している。また、雨天時には、土砂崩れや落石が発生して、道路が滑りやすくなり、霧が発生して視界が悪くなるおそれがあることも知っている。では、ここで三つのタイプのドライバーを想像していただきたい。一人目は怖いもの知らずのドライバー。彼は「これまで事故は起こしたことがないから、この道も大丈夫だろう」と考えて、スピードを上げてしまう。しかし、この場合、過去の経験が役立つとはかぎらないだろう。二人目は、テクノロジーを信じるドライバー。彼は事前にエアバッグとステアリングアシストと自動ブレーキと警告灯が搭載された車を準備し、最新の天気予報と道路交通情報をチェックしてから出発する。三人目は慎重で安全を最も重視するドライバー。彼は定期点検と整備済みの車に乗り、シートベルトを着用してスピードを落とし、カーブでは予期せぬ対向車に備えて事前にクラクションを鳴らし、緊急停止に定期的に備える。

では、三人のドライバーを森林管理に当てはめるとどうだろうか。「これまでうまくいったから、いままでどおりのやり方で問題なし」という考えは、これからは通用しない。知識とテクノロジーを駆使するという方法も、突然生じる制御不能な変化から森を守ることはできない。したがって、残るのは「慎重さと予防の原則」だけである。私たちは未来には予期せぬ危険が潜んでいることを覚悟し、予測は不可能であることを受け入れなければならない。とはいえ、差し迫った危険については、できるかぎり情報を収集する必要がある。ただし、予測できないものを正確に予測しようとすることは意味がない。だからこそ、スピードを落とす必要があるのだ。

森林管理において「スピードを落とす」とは、森に無理をさせないこと。つまり、人の介入と利用を減らして、森の抵抗力を高めることである。この先、気温上昇や降水量の低下が加速し、極端に気候が変動する可能性は極めて高い。そうであれば、なおさら「どういった気候の変化がいつ現れるか」、「世界的に気温が一五〇年前と比べて二～三度上昇するとは本当か」というような議論はほとんど意味をなさなくなる。それよりも大切なことは、樹木ができるかぎり多くの水を吸収して、大気冷却能力を発揮できるようサポートすることだろう。

さまざまな生物が集まる森林生態系は、複雑な構造をしているが、生物間のネットワークがうまく機能すれば、健全な状態を維持できることがわかっている。したがって、森のすべての生物を保護することは、個々の生物とネットワーク内のつながりをすべて詳細に調べ、記述することよりも重要である。

森林生態系が、将来の課題を乗り越える力をもっているかいないかは誰にもわからない。それなのに、なぜ人間は、問題が起こることが事前にわかっているからという理由だけで、よりよい解決策は自分たちにしか見いだせないと思いこんでいるのだろうか？　自然は永久に正しく時を刻みつづける単純な時計ではない。森林は複雑な情報処理システムであり、あらゆる問題を解決するための情報は生物の遺伝物質や相互活動の中に蓄積されている。進化の過程で、それらの情報は常に検証され、発展を続けてきた。したがって、生態系にも知性があるといっていい。その知性は、意識や未来について考える能力がなくても磨かれる。自然界の中で、それは予期せぬ出来事に対応するために必要不可欠なものなのだ。

たとえば、森林火災の跡地では、他の樹種よりも早く種子を発芽させて、生態系を復活させるパイオニア樹種が存在する。それらの樹種は、焼け野原の厳しい環境条件にすでに適応している。そうした樹種腐植土がなくても発芽し、極端な化学的・物理的条件にも耐えることができる。そうした樹種（たとえば、クマシデ）は、菌根菌〔菌根をつくり、植物と共生する菌類〕などの重要なパートナーと共生関係にあるため、その助けを借りて不毛の地でもよいスタートを切ることができる。

つまり、森林は火災で焼け野原になっても、すべてを一から始める必要はない。森林生態系は火災や暴風雨などの予期せぬ災害により生じた「傷」を塞いでいる。災害に見舞われた森では、植物の生育はいったん停止し、土は素早く固くなり、土壌は保護される。その後、パイオニア樹種の活動によって新しい土壌が形成され、日陰ができ、土壌が冷やされて必要な水が蓄えられる。そのおかげで、より多くの樹種がそこに集まるようになり、生態系が再構築される。そうしたプロセスを自然の「自己治癒力」と呼ぶのは間違いではない気がする。森以外の生態系でも、似たようなプロセスや機能が確認されている。そのような自然の能力は、環境の変化や病気の蔓延により、重要な樹種が森から消失した場合にも大きな役割を果たしている。それだけでなく、現在では、危機にさらされた森林を救ってもいる。たとえば、大干ばつにより大量のブナが枯れた場所でも、森は生きつづけ、クマシデやシナノキなどの干ばつに強い樹種が新たな機会をあたえられて、森の再生を後押ししている。

——完全に無意識に——「記憶」から解決策を呼び出すことができるからだ。そうやって森林は、気候変動が加速する中では、森林管理官は自然のプロセスなど信用せずに、これまで以上に森に介入する必要があると説く科学者がいる。フライブルクの著名な造林学教授は、日刊紙『南ドイツ新聞』のインタビューで、自然の自己治癒力という考えには「エビデンスがない」と述べた。それは科学者がライバルにしうる最悪の非難といえるだろう。「エビデンスがない」とは、主張や提言に証拠がないこと、つまり非科学的であることを意味する。その教授の発言は、林学の二つの問題点を露呈しているように思われる。その一つ目は、自らの言動を正当化するために、自然現象についての既存の知識を歪めるだけでなく、それを真っ向から否定していること。二つ目は、科学者は絶対的な証拠を示し、助言を行なわなくてはならないという思いこみがあること。危機の時代にあっては、科学者にそうした義務は（もはや）ないことを知らなくてはならない。いったい誰が、地球のすべての生態系が将来、あらゆる課題に対応できると証明できるだろうか？　もちろん、そんなことを証明できる科学者はいない。むしろ、「科学者が信じている」予測どおりに気候変動が深刻化すれば、どんな生態系も破綻すると考えるほうが自然だろう。じつは、この「科学者が信じている」ことこそが問題を生み出している。森林が現在のような危機に陥ることすら予測できなかった科学者が、何百万年ものあいだ、「無知」と「不確実性」に対処するために訓練されてきた自然よりも森の行く末をよく知っているなんてことが、果たして信じられるだろうか？

気候変動は、謙虚であることの大切さを教えてくれる。私たち人間は、自らの「無知」と共存することを早急に学ばなくてはならない。人間は自信をもってはいけない。また、自然がもつ知識を決して過小評価してはならない。優秀なエンジニアたちとテクノロジーが生み出す解決策が地球を救ってくれると信じるのではなく、昔ながらの「慎重さと予防の原則」に従って行動しなくてはならない。人間は「無知」を受け入れ、尊重することで、よりよい道を見出せるようになるだろう。

謝辞

私はこれまでに多くの著書を執筆し、その大半を家族のために捧げてきた。家族だけでなく、出版社の社員のみなさんにも感謝している。しかし、本書の謝辞では、とりわけラース・シュルツェ＝コサックに感謝の意を表したい。ラースは常に謙虚な姿勢で、非常に効率的に私の著書の契約に関する仕事をこなしてくれた。また、彼の妻のナジャおよびエージェントチーム全員と協力して、条件交渉や問い合わせへの対応、著作権侵害に対する弁護を行ない、映画制作の始動にまで手を貸してくれた。私は交渉が苦手なため、それができる人が側にいてくれるというのは非常にありがたい。ラースは私に「ここまでなら大丈夫」という境界線を示すいっぽうで、新たな可能性も次々と開いてくれる。ラースがいなければ、ルートヴィヒ社と契約し、このような充実感をもって仕事をすることはできなかっただろう。

また、森林アカデミーのスタッフたちにも感謝している。彼らは質問を送ってきたり、著書の中に出てきた木を見にきたりする熱心な読者の対応を引き受けてくれた。そのおかげで、私は自分が主催するイベントに集中することができた。アイフェル地方の森をイベントの参加者と一緒に歩き回るという、私のライフワークに情熱をもって取り組むことができた。そんなわけで、今日も私は「木の命」について語りつづけている。

訳者あとがき

本書『樹木が地球を守っている』（*Der lange Atem der Bäume*）の中で語られるドイツの林業の現状は、もしかすると日本の林業の未来を映し出しているのかもしれない。なぜなら、日本をはじめとする多くの国では、ドイツを模範にして林業を発展させていった歴史があるからだ（本書、第二部「ぐらつく象牙の塔」参照）。

ドイツの森はその昔、ブナやナラなどの広葉樹で占められていた。ところが、十九世紀から木材生産に適したトウヒやマツなどの針葉樹の植林が盛んに行なわれるようになった。当時、近代産業としての林業を行なっていた国はドイツとフランスだけだった。植民地大国であった英国はフランスとの間に多くの問題を抱えていたため、ドイツの森林管理官を植民地に送り、現地の自然を「手なずける」ようになった。そのせいで針葉樹の過剰な植林が世界中に広まり、ドイツだけでなく、多くの国の森が本来もつべき能力を失ってしまった、と著者ペーター・ヴォールレーベンは説明している。

それを踏まえると、ドイツの林業が陥っている問題は他人事ではないことがわかるだろう。実際、ドイツと同じように、日本の人工林の九割以上がスギやヒノキなどの針葉樹で埋めつくされている（林野庁「令和元年度、森林・林業白書、第一部第一章第一節（二）」参照）。いっぽう、天然林はその七割以上が広葉樹で占められている（林野庁「天然林樹種別蓄積（平成二九年三月三一日現在）」参照）。つまり、広葉樹の天然林を破壊し、針葉樹の植林を進めているのは日本も同じなのだ。

じつは先日、家具メーカーを経営する夫の仕事の関係で、ある県の森林行政機関の広報担当者と話をする機会があった。彼は私に「森林資源の現況（齢級構成）」という林野庁の資料を見せながら、日本の林業の現状をこう説明してくれた。

スギやヒノキなどの針葉樹は樹齢五〇年で「伐り時」を迎えるが、日本の人工林では樹齢五〇年を超えたスギやヒノキが全体の五〇パーセントを占める。それは国産木材が十分利用されていない証拠である。木材利用をさらに推し進めないと、「伐って、つかって、植える」という森林の循環が阻害され、二酸化炭素の貯蔵庫である貴重な森が破壊されてしまう……。

本書を翻訳する前の私なら、この説明を素直に受けとっていただろう。けれども、翻訳を終えていた私は、彼の話と本書の内容が真逆であることに驚いた。いや、正確にいうと、日本の林業がドイツの林業と同じ間違いをおかしつつあることを目の当たりにして愕然とした。

本書によると、針葉樹ばかりを植えた人工林には多くの欠陥があるという。まず、針葉樹は広葉樹と違い、秋にすべての葉を落とすわけではないため、水を地中に溜めにくい。それだけでなく、人工林では林業機械が頻繁に使用されるため、その重みが土壌を圧迫し、土壌の貯水能力を大幅に下げてしまう。土壌の貯水能力が下がれば、水が川に流れ出し、洪水などの被害が起こりやすくなる。また人工林では間伐や伐採が行なわれるため、内部に日が差し、異常繁殖した微生物や土壌動物が腐植土を侵食し、土壌から大量の炭素が大気中に放出されてしまう。そうした状態に陥った森は、森が本来もつべき能力、つまり、雨を降らせたり、気温を下げたり、炭素を貯留したりする力をうまく発揮できなくなってしまう。したがって、針葉樹を植林しては伐採するというプロセスを繰り返せば繰り返すほど、気候変動は加速する、というのがヴォールレーベンの主張なのだ。

木材は環境に優しい。そうした声がいま、世界中で聞かれる。木を森に残しても、木材として利用しても、炭素は木の中に蓄えられる。それなら、木材利用と植林をともに増やせば、木材と森林の両方に炭素が貯蔵されて世界の二酸化炭素排出量は抑えられる。そうした短絡的な考えが世界中で広まっている。

そんな世界の動向にヴォールレーベンは警鐘を鳴らす。家具や建築資材としてつかわれる木材の平均寿命はたかが三三年（本書、第二部「木材は本当に環境に優しいのか?」参照）。そのあと木材は燃やされる運命にある。木を燃やすことは、その中に蓄積された炭素を大気中に放出させることである。天然林の木（その下にある土壌も）が何百年も炭素を貯留し、それだけでなく、高い気候調整力を発揮していることを考えると、木材や人工林に植林された若木の価値（能力）は極めて低いと評価していいだろう。いや、木材利用と植林は環境破壊を生んでいるといっても過言ではないかもしれない。

とはいえ、かくいう私も木材のお世話になっている。木製品は私も大好きだ。だから木材利用を全否定するつもりはない。ただ著者がいうように「自然に優しい原料などこの世界には一つもない」（本書、一五三ページ）という意識が私たちには必要なのではないだろうか。木材もプラスチックと同じように環境を破壊する可能性があること。それを意識して製造者が木製品をつくり、消費者が製品を大事に扱うようになれば、人類が森林と共生する道が拓けるにちがいない。森から貴重な樹木をいただいている。そうした「謙虚さ」がいま、世界に求められているのではないだろうか。

本書の翻訳にあたり、早川書房の山本純也さん、翻訳会社リベルのみなさんに多大なご尽力をいただいた。この場をおかりして、心から感謝の気持ちをお伝えしたい。

二〇二三年八月

参考文献

1 https://www.sueddeutsche.de/wissen/kastanien-schaedlinge-bluete-umwelt-1.5052988

2 Beispielsweise hier: https://www.infranken.de/ratgeber/garten/garten-jahreszeiten/kurios-im-herbst-bluehende-baeume-schmuecken-die-natur-in-franken-art-3666516

3 https://www.swr.de/wissen/haben-pflanzen-gefuehle-100.html

4 https://www.bloomling.de/info/ratgeber/haben-pflanzen-ein-gehirn

5 Hagedorn F. et al.: Recovery of trees from drought depends on belowground sink control, in: Nature Plants (2016), DOI: 10.1038/nplants.2016.111.

6 Solly, E. F. et al.: Unravelling the age of fine roots of temperate and boreal forests, https://www.nature.com/articles/s41467-018-05460-6

7 https://www.ncbi.nlm.nih.gov/pmc/articles/PMC6015860/

8 »Man kann die Erbse trainieren, fast wie einen Hund«, Interview in der GEO Nr. 09/2019, https://m.geo.de/natur/naturwunder-erde/21836-rtkl-kluge-pflanzen-man-kann-die-erbse-trainieren-fast-wie-einen-hund?utm_source=Facebook&utm_medium=Post&utm_campaign=geo_fanpage

9 https://www.mecklenburgische-seenplatte.de/reiseziele/nationales-naturmonument-ivenacker-eichen

10 Weltecke, K. et al.: Rätsel um die älteste Ivenacker Eiche, in: AFZ Nr. 24/2020, S. 12–17

11 Roloff, A.: Vitalität der Ivenacker Eichen und baumbiologische Überraschungen, in: AFZ Nr. 24/2020, S. 18–21

12 https://www.br.de/wissen/epigenetik-erbgut-vererbung100.html

13 Epigenetik in Bäumen hilft bei Altersdatierung, Pressemitteilung der TU München vom 18.11.2020

14 Bose, A. et al.: Memory of environmental conditions across generations affects the acclimation potential of scots pine, in: Plant, Cell & Environment,

Volume 43, Issue 5, 28.01.2020, https://doi.org/10.1111/pce.13729
15 Hussendörfer, E.: Baumartenwahl im Klimawandel: Warum (nicht) in die Ferne schweifen?!, in: Der Holzweg, oekom Verlag, München, 2021, S. 222
16 Allen, Scott T. et al.: Seasonal origins of soil water used by trees, https://doi.org/10.5194/hess-23-1199-2019, veröffentlicht am 1. März 2019
17 https://www.kiwuh.de/service/wissenswertes/wissenswertes/waldboden-wasserfilter-wasserspeicher
18 Veränderung der jahreszeitlichen Entwicklungsphasen bei Pflanzen, Umweltbundesamt, https://www.umweltbundesamt.de/daten/klima/veraenderung-der-jahreszeitlichen#pflanzen-als-indikatoren-fur-klimaveranderungen
19 Zimmermann, Lothar et al.: Wasserverbrauch von Wäldern, in: LWF aktuell 66/2008, S. 16
20 R. C. Ward, M. Robinson: Principles of Hydrology, 3. Aufl., McGraw-Hill, Maidenhead, 1989
21 Pressemitteilung der Bayerischen Landesanstalt für Wald und Forstwirtschaft, https://www.lwf.bayern.de/service/presse/089262/index.php?layer=rss
22 Flade, M. und Winter, S.: Wirkungen von Baumartenwahl und Bestockungs-typ auf den Landschaftswasserhaushalt, in: Der Holzweg, oekom Verlag, München, 2021, S. 240
23 https://www.ncbi.nlm.nih.gov/pmc/articles/PMC125091/
24 Hamilton, W. D. und Brown, S. P: Autumn tree colours as a handicap signal, https://doi.org/10.1098/rspb.2001.1672
25 Döring, T.: How aphids find their host plants, and how they don't, in: Annals of Applied Biology, 16. Juni 2014, https://doi.org/10.1111/aab.12142
26 Archetti, M.: Evidence from the domestication of apple for the maintenance of autumn colours by coevolution, in: Proc. R. Soc. B.2762575–2580, https://doi.org/10.1098/rspb.2009.0355
27 Zani, Deborah et al.: Increased growing-season productivity drives earlier autumn leaf senescence in temperate trees, in: Science Vol. 370, Issue 6520, S. 1066–1071, 27.11.2020
28 Winter in Deutschland werden immer wärmer, Deutschlandfunk, 21.12.2020, https://www.deutschlandfunk.de/klimawandel-winter-in-deutschland-werden-immer-waermer.676.de.html?dram:article_id=489700
29 Bäume spüren den Frühling, in: SVZ, 25.03.2019, https://www.svz.de/

ratgeber/eltern-kind/baeume-spueren-den-fruehling-id23115812.html
30 War der letzte Winter zu warm für unsere Waldbäume? Pressemitteilung der Eidg. Forschungsanstalt für Wald, Schnee und Landschaft WSL vom 19.03.2020
31 Gericht stoppt vorläufig Rodung im Hambacher Forst, https://www.spiegel.de/wirtschaft/soziales/hambacher-forst-gericht-verfuegt-einstweiligen-rodungs-stopp-a-1231705.html
32 Ibisch, P. et al.: Hambacher Forst in der Krise: Studie zur mikro- und mesoklimatischen Situation sowie Randeffekten, Eberswalde/Potsdam, 14. August 2019
33 https://www.greenpeace.de/themen/klimawandel/folgen-des-klimawandels/hitze-sichtbar-gemacht
34 Landesforsten RLP: Einschlagstopp für alte Buchen im Staatswald, Mitteilung des Ministeriums für Umwelt, Energie, Ernährung und Forsten vom 03.09.2020, https://mueef.rlp.de/de/pressemeldungen/detail/news/News/detail/landesforsten-rlp-einschlagstopp-fuer-alte-buchen-im-staatswald/?no_cache=1
35 Zimmermann, L. et al.: Wasserverbrauch von Wäldern, in: LWF aktuell, 66/2008, S. 19
36 Makarieva, Anastassia & Gorshkov, Victor. (2007). Biotic pump of atmospheric moisture as driver of the hydrological cycle on land. Hydrology and Earth System Sciences. 11. 10.5194/hessd-3-2621-2006.
37 Unterscheiden sich Laubbäume in ihrer Anpassung an Trockenheit? Wie viel Wasser brauchen Laubbäume?, Max-Planck-Institut für Dynamik und Selbstorganisation, https://www.ds.mpg.de/139253/05
38 Sheil, D.: Forests, atmospheric water and an uncertain future: the new biology of the global water cycle, in: Forest Ecosystems 5, 19 (2018). https://doi.org/10.1186/s40663-018-0138-y
39 van der Ent, R. J., H. H. G. Savenije, B. Schaefli, and S. C. Steele-Dunne (2010), Origin and fate of atmospheric moisture over continents, Water Resour. Res., 46, W09525, doi:10.1029/2010WR009127.
40 Dörries, B.: Kampf ums Wasser, Süddeutsche Zeitung, https://www.sueddeutsche.de/politik/aegypten-aethiopien-nil-damm-1.4950300
41 Holl, F.: Alexander von Humboldt. Mein vielbewegtes Leben. Der Forscher über sich und seine Werke, Eichborn Verlag, 2009, S. 118
42 Arabidopsis thaliana, https://www.spektrum.de/lexikon/biologie-

kompakt/arabidopsis-thaliana/815
43 Crepy, M. und Casal, J.: Photoreceptor-mediated kin recognition in plants, in: New Phytologist (2015) 205: 329–338, doi: 10.1111/nph.13040
44 Wu, K.: Eine Astlänge Abstand: Social Distancing unter Bäumen, in: National Geographic, 08.07.2020, https://www.nationalgeographic.de/wissenschaft/2020/07/eine-astlaenge-abstand-social-distancing-unter-baeumen
45 Bilas, R. et al.: Friends, neighbours and enemies: an overview of the communal and social biology of plants, https://onlinelibrary.wiley.com/doi/pdf/10.1111/pce.13965?casa_token=z8gB0Z9Cny8AAAAA:fSwX9nnNww9tJcASawxW0kdRht_J1vED1Zc5ZrGnH-ifRcgZXgdDz9Cm91qclyNBS28rg5B6GF-Dfs8
46 Ramirez, K. et al.: Biogeographic patterns in below-ground diversity in New York City' s Central Park are similar to those observed globally, in: Proceedings of the Royal Society B, 22.11.2014, https://doi.org/10.1098/rspb.2014.1988
47 Übersetzung aus dem Englischen, Ibisch, P. L. und Blumröder, J. S.: Waldkrise als Wissenskrise als Risiko, Universitas 888: 20–42, 2020, aus: Rodriguez, R. J. et al. 2009. Fungal endophytes: diversity and functional roles. 182(2): 314–330.
48 Hubert, M.: Der Mensch als Metaorganismus, Deutschlandfunk, 30.12.2018, https://www.deutschlandfunk.de/meine-bakterien-und-ich-der-mensch-als-metaorganismus.740.de.html?dram:article_id=436989
49 Entstanden Nervenzellen, um mit Mikroben zu sprechen? Mitteilung der Christian-Albrechts-Universität zu Kiel vom 10.07.2020, https://www.uni-kiel.de/de/universitaet/detailansicht/news/168-klimovich-pnas
50 https://www.bfn.de/themen/artenschutz/regelungen/vogelschutzrichtlinie.html
51 Fierer, N. et al.: The influence of sex, handedness, and washing on the diversity of hand surface bacteria, in: PNAS November 18, 2008 105 (46) 17994–17999, https://doi.org/10.1073/pnas.0807920105
52 Schüring, J.: Wie viele Zellen hat der Mensch? https://www.spektrum.de/frage/wie-viele-zellen-hat-der-mensch/620672
53 Ibisch, P. L. und Blumröder, J. S.: Waldkrise als Wissenskrise als Risiko, Universitas 888: 20–42, 2020
54 Cypiomka, H.: Von der Einfalt der Wissenschaft und der Vielfalt der

Mikroben, http://www.pmbio.icbm.de/download/einfalt.pdf
55 Wir sind von Milliarden Phagen besiedelt, in: Scinexx, https://doi.org/10.1128/mBio.01874-17
56 Werner, G. et. al.: A single evolutionary innovation drives the deep evolution of symbiotic N2 fixation in angiosperms, in: Nature communications, 10.06.2014; doi: 10.1038/ncomms5087
57 Raaijmakers, J. und Mazzola, M.: Soil immune responses, in: Science, 17. Juni 2016, DOI: 10.1126/science.aaf3252
58 https://www.bpb.de/nachschlagen/zahlen-und-fakten/globalisierung/52727/waldbestaende
59 Erste Baumsprengung in Thüringen stellt Experten vor Probleme, in: Thüringer Allgemeine. 8. September 2019
60 BGH, Urteil vom 02.10.2012 – VI ZR 311/11
61 Deutliches Ergebnis: Nadelholz ist nicht ersetzbar, in: Holzzentralblatt Nr. 18 vom 30.04.2015, S. 391
62 Zum Beispiel hier: https://www.maz-online.de/Brandenburg/Wegen-des-Klimawandels-Pakt-fuer-den-Wald-schliessen
63 Von Koerber, Karl et al.: Titel: Globale Ernährungsgewohnheiten und -trends, München, Berlin 2008, externe Expertise für das WBGU-Hauptgutachten »Welt im Wandel: Zukunftsfähige Bioenergie und nachhaltige Landnutzung«
64 Rock, J. u. Bolte, A.: Welche Baumarten sind für den Aufbau klimastabiler Wälder auf welchen Böden geeignet? Eine Handreichung. https://www.wbvsachsen-anhalt.de/index.php/component/jdownloads/send/14-dokumenteoeffentlich/115-ig-waldbodenschutz-st-rock?option=com_jdownloads
65 Vogel, A.: Rheinbacher Wald in katastrophalem Zustand, https://ga.de/region/voreifel-und-vorgebirge/rheinbach/rheinbacher-wald-in-katastrophalem-zustand_aid-43889517
66 Blattfraß an Baumhasel durch die Breitfüßige Birkenblattwespe, in: AFZ Der Wald, 21.10.2020, https://www.forstpraxis.de/blattfrass-an-baumhasel-durch-die-breitfuessige-birkenblattwespe/?utm_campaign=fp-nl&utm_source=fp-nl&utm_medium=newsletter-link&utm_term=2020-10-23-12&fbclid=IwAR0X84tLDDHuYNs-ZyGIR7uwb7EssQCXPovMiZ1soNrH7oXx6YBaP7GPinA
67 Können Bäume eine schwere Grippe bekommen? Pressemitteilung der

Humboldt-Universität zu Berlin vom 06.08.2020, https://idw-online.de/de/news752279
68 Bauhaus pflanzt eine Million Bäume, https://richtiggut.bauhaus.info/1-million-baeume/initiative
69 https://richtiggut.bauhaus.info/1-million-baeume/initiative/faq
70 https://www.sdw.de/ueber-uns/leitbild/leitbild.html
71 https://www.sdw.de/cms/upload/pdf/Pflanzkodex_Bewerbungsbogen.pdf
72 https://growney.de/blog/langfristig-sind-reale-renditen-entscheidend
73 100 年後の木材の生産量は約 800 立方メートル。そのうち約 400 立方メートルのみが高品質の木材として販売可能になる。その収益は、伐採と管理コストを差し引くと 1 立法メートル当たり平均 30 ユーロ。したがって、合計 1 万 2000 ユーロになる。
74 Dr. Tottewitz, Frank et al.: Streckenstatistik in Deutschland – ein wichtiges Instrument im Wildtiermanagement, https://web.archive.org/web/20191103113631/https://www.jagdverband.de/sites/default/files/1-WILD_PosterGWJF_2016_Jagdstrecke.pdf
75 Dokumentations- und Beratungsstelle des Bundes zum Thema Wolf, https://dbb-wolf.de/Wolfsvorkommen/territorien/zusammenfassung
76 https://www.nabu.de/tiere-und-pflanzen/saeugetiere/wolf/wissen/15572.html
77 Dokumentations- und Beratungsstelle des Bundes zum Thema Wolf, https://www.dbb-wolf.de/mehr/faq/was-ist-ein-territorium-und-wie-gross-ist-es
78 Knauer, F. et al.: Der Wolf kehrt zurück – Bedeutung für die Jagd?, in: Weidwerk Nr. 9/2016, S. 18–21
79 Hoeks, S. et al.: Mechanistic insights into the role of large carnivores for ecosystem structure and functioning, in: Ecography 43, S. 1752–1763, 29.07.2020, doi: 10.1111/ecog.05191
80 Eines von vielen Beispielen: https://www.wald.rlp.de/de/forstamt-trier/angebote/brennholz/10-gruende-mit-holz-zu-heizen/
81 Pretzsch, H.: The course of tree growth. Theory and reality, in: Forest Ecology and Management, Volume 478, 2020, 118508, https://doi.org/10.1016/j.foreco.2020.118508.
82 Der Wald in Deutschland, ausgewählte Ergebnisse der dritten Bundeswaldinventur, S. 16, Bundesministerium für Ernährung und Landwirtschaft (BMEL), Berlin, April 2016

83 Piovesan, G. et al.: Lessons from the wild: slow but increasing long-term growths allows for maximum longevity in European beech, in: Ecology 100(9):e02737.10.1002/ecy.2737, 2019
84 Frühwald, A. et al.: (2001) Holz – Rohstoff der Zukunft nachhaltig verfügbar und umweltgerecht. Informationsdienst Holz, DGfH e.V. und HOLZABSATZFONDS, Holzbauhandbuch, Reihe 1 Teil 3 Folge 2, 32 S.
85 https://www.fnr.de/fileadmin/allgemein/pdf/broschueren/Handout_Rohstoffmonitoring_Holz_Web_neu.pdf
86 https://www.robinwood.de/blog/aktionstag-wilde-wälder-schützen-–-nicht-verfeuern
87 Letter from scientists to the EU Parliament regarding forest biomass, 14.01.2018, https://plattform-wald-klima.de/wp-content/uploads/2018/11/Scientist-Letter-on-EU-Forest-Biomass.pdf
88 ClimWood2030, Climate benefits of material substitution by forest biomass and harvested wood products: Perspective 2030, Thünen Report 42, Hamburg, April 2016, S. 106, https://www.thuenen.de/media/publikationen/thuenen-report/Thuenen_Report_42.pdf
89 Klima: Der große Kohlenspeicher, Heinrich Böll Stiftung, 08.01.2015, https://www.boell.de/de/2015/01/08/klima-der-grosse-kohlenspeicher
90 Literaturstudie zum Thema Wasserhaushalt und Forstwirtschaft, Öko-Institut e.V., Berlin, 08.09.2020, S. 12
91 Dean, C. et al.: The overlooked soil carbon under large, old trees, in: Geoderma, Volume 376, 2020, 114541, https://doi.org/10.1016/j.geoderma.2020.114541
92 Soppa, R.: Waldbauern fordern 5 % aus CO2-Abgabe als Anerkennung für die Klimaschutzleistung ihrer Wälder, https://www.forstpraxis.de/waldbauern-fordern-5-aus-co2-abgabe-als-anerkennung-fuer-die-klimaschutzleistung-ihrer-waelder/
93 Für diese Technologie will Elon Musk einen Millionenpreis vergeben, in: Frankfurter Allgemeine Zeitung, 22.01.2021, https://www.faz.net/aktuell/wirtschaft/co2-bindung-elon-musik-vergibt-preis-fuer-diese-technologie-17159260.html
94 Carbon Capture and Storage, Umweltbundesamt, 15.01.2021, https://www.umweltbundesamt.de/themen/wasser/gewaesser/grundwasser/nutzung-belastungen/carbon-capture-storage#grundlegende-informationen
95 VW-Chef Herbert Diess: »Ich wünsche mir eine höhere CO2-Steuer von der

Politik«, WiWo, https://www.wiwo.de/unternehmen/industrie/autoindustrie-vw-chef-herbert-diess-ich-wuensche-mir-eine-hoehere-co2-steuer-von-der-politik/25467716.html
96 Ellison, D. et al.: Trees, forests and water: Cool insights for a hot world, Global Environmental Change, Nr. 43/2017, S. 51–61, https://doi.org/10.1016/j.gloenvcha.2017.01.002.
97 Eckert, D.: 150 000 000 000 000 Dollar – der Wert des Waldes schlägt sogar den Aktienmarkt, in: Die Welt, https://www.welt.de/wirtschaft/article212771705/Neue-Studie-Waelder-der-Welt-sind-wervoller-als-der-Aktienmarkt.html?fbclid=IwAR0RCQF1F2mmE7KREGT0rrybT8sVIOrpDpV0f8qW6LHHqa2_0eQBALtP0L0
98 Pressemitteilung des Bundesministeriums für Ernährung und Landwirtschaft, https://bonnsustainabilityportal.de/de/2012/09/bmelv-13-kubikmeter-holzverbrauch-pro-kopf-in-deutschland/
99 Stickstoff im Wald, http://www.fawf.wald-rlp.de/fileadmin/website/fawfseiten/fawf/downloads/WSE/2016/2016_Stickstoff.pdf
100 Etzold, S. et al.: Nitrogen deposition is the most important environmental driver of growth of pure, even-aged and managed European forests. Forest Ecology and Management, 458: 117762 (13 pp.). doi: 10.1016/j.foreco.2019.117762
101 https://www.bmel.de/DE/themen/wald/wald-in-deutschland/wald-trockenheit-klimawandel.html
102 https://de.statista.com/statistik/daten/studie/162378/umfrage/einschlagsmenge-an-fichtenstammholz-seit-1999/
103 http://alf-ku.bayern.de/forstwirtschaft/245181/index.php
104 https://privatwald.fnr.de/foerderung#c39996
105 https://www.waldeigentuemer.de/verband/mitglieder/
106 https://www.abgeordnetenwatch.de/blog/nebentaetigkeiten/das-verdienen-die-abgeordneten-aus-dem-bundestag-nebenbei
107 https://www.waldeigentuemer.de/neustart-beim-insektenschutz/
108 https://www.fnr.de/fnr-struktur-aufgaben-lage/fachagentur-nachwachsende-rohstoffe-fnr
109 https://heizen.fnr.de/heizen-mit-holz/der-brennstoff-holz/
110 https://www.fnr.de/fnr-struktur-aufgaben-lage/fachagentur-nachwachsende-rohstoffe-fnr/mitglieder
111 Dazu die Zeitschrift *Ökotest:* »Hinter dem *PEFC*-Label verbirgt sich ein

Zertifizierungssystem von Forstindustrie und Waldbesitzerorganisationen ... Kaum eine Umweltorganisation unterstützt das PEFC-Label. Der WWF etwa hält das Waldzertifizierungssystem für »nicht glaubwürdig«, https://www.oekotest.de/freizeit-technik/Waldsterben-Was-jeder-einzelne-dagegen-tun-kann-_11401_1.html

112 https://www.bundeswaldpraemie.de/hintergrund

113 https://www.bundestag.de/mediathek?videoid=7481950&url=L21lZGlhdGhla292ZXJsYXk=&mod=mediathek#url=L21lZGlhdGhla292ZXJsYXk/dmlkZW9pZD03NDgxOTUwJnVybD1MMjFsWkdsaGRHaGxhMjkyWlhKc1lYaz0mbW9kPW1lZGlhdGhlaw==&mod=mediathek

114 Pressemitteilung des Max-Planck-Instituts für Biogeochemie vom 10. Februar 2020, https://www.mpg.de/14452850/nachhaltige-wirtschaftswalder-ein-beitrag-zum-klimaschutz

115 Waldschutz ist besser für Klima als Holznutzung: Studie des Max-Planck-Instituts für Biogeochemie mehrfach widerlegt, Pressemitteilung der Hochschule für nachhaltige Entwicklung Eberswalde vom 10.08.2020

116 Luyssaert, S. et al.: Old-growth forests as global carbon sinks, in: Nature Vol 455, 11.09.2008, S. 213ff.

117 https://www.bgc-jena.mpg.de/bgp/index.php/EmeritusEDS/EmeritusEDS

118 Verseck, K.: Holzmafia in Rumänien – Förster in Gefahr, Spiegelonline vom 01.11.2019, https://www.spiegel.de/panorama/justiz/holzmafia-in-rumaenien-zwei-morde-an-foerstern-a-1294047.html

119 Nationalpark-Verwaltung Hainich (Hrsg.) (2012). Waldentwicklung im Nationalpark Hainich – Ergebnisse der ersten Wiederholung der Waldbiotopkartierung, Waldinventur und der Aufnahme der vegetationskundlichen Dauerbeobachtungsflächen. Schriftenreihe Erforschen, Band 3, Bad Langensalza

120 Schulze, E. D., Sierra, C.A., Egenolf, V., Woerdehoff, R., Irsllinger, R., Baldamus, C., Stupak, I. & Spellmann, H. (2020a): The climate change mitigation effect of bioenergy from sustainably managed forests in Central Europe. GCB Bioenergy 12, 186–197, https://doi.org/10.1111/gcbb.12672.

121 Auf der Homepage der HNE nicht mehr verfügbar, dafür bei den Mitautoren der Naturwaldakademie: https://naturwald-akademie.org/presse/pressemitteilungen/waldschutz-ist-besser-fuer-klima-als-holz-nutzung/

122 https://www.thuenen.de/media/ti/Ueber_uns/Das_Institut/2020-02_Thuenen_Flyer_dt.pdf

123 Unter anderem Tweet vom 8. September 2020, der Account wurde 2021 auf »privat« umgestellt. https://twitter.com/BolteAnd
124 https://www.bmel.de/DE/ministerium/organisation/beiraete/waldpolitik-organisation.html
125 Pressemitteilung (inzwischen geändert) der HNEE https://www.hnee.de/de/Aktuelles/Presseportal/Pressemitteilungen/Waldschutz-ist-besser-fr-das-Klima-als-die-Holznutzung-Diskussionsbeitrag-zur-Studie-des-Max-Planck-Instituts-fr-Biogeochemie-E10806.htm, ursprünglicher Hinweis zum wissenschaftlichen Beirat in der Pressemitteilung auf der Seite der Naturwald Akademie: https://naturwald-akademie.org/presse/pressemitteilungen/waldschutz-ist-besser-fuer-klima-als-holz-nutzung/
126 https://www.carpathia.org
127 Krishen, P.: Introduction, in: The hidden life of trees, Penguin Random House India, 2016
128 Evers, M.: Wie ein Ölkonzern sein Wissen über den Klimawandel geheim hielt, https://www.spiegel.de/spiegel/wie-shell-sein-wissen-ueber-den-klimawandel-geheim-hielt-a-1202889.html
129 Offener Brief an die EU, https://drive.google.com/file/d/0B9HP_Rf4_eHtQUpyLVIzZE8zQWc/view
130 O'Brien, M. und Bringezu, S.: What Is a Sustainable Level of Timber Consumption in the EU: Toward Global and EU Benchmarks for Sustainable Forest Use, https://doi.org/10.3390/su9050812
131 https://de.statista.com/statistik/daten/studie/36202/umfrage/verbrauch-von-erdoel-in-europa/
132 Bundesverfassungsgericht, Urteil vom 31.05.1990, NVwZ 1991, S. 53
133 BVerfG, Beschluss des Zweiten Senats vom 12. Mai 2009 – 2 BvR 743/01 –, Rn. 1–74
134 Bundeskartellamt: Holzverkauf ist keine hoheitliche Aufgabe, https://www.bundeskartellamt.de/SharedDocs/Interviews/DE/Stuttgarter_Ztg_Holzverkauf.html
135 Schmidt, J.: Klage gegen NRW: Sägewerker aus Kreis Olpe machen mit, https://www.wp.de/staedte/kreis-olpe/klage-gegen-nrw-saegewerker-aus-kreis-olpe-machen-mit-id230970318.html
136 Kartellklage gegen Forstministerium Rheinland-Pfalz, in: Forstpraxis, 29.06.2020, https://www.forstpraxis.de/kartellklage-gegen-forstministerium-rheinland-pfalz/
137 Quelle: Homepage des Bundesinformationszentrums Landwirtschaft, https://

www.landwirtschaft.de/landwirtschaft-verstehen/wie-arbeiten-foerster-und-pflanzenbauer/was-waechst-auf-deutschlands-feldern

138 Der Ökowald als Baustein einer Klimaschutzstrategie, Gutachten im Auftrag von Greenpeace e.V., https://www.greenpeace.de/sites/www.greenpeace.de/files/publications/20130527-klima-wald-studie.pdf

139 https://www.lwf.bayern.de/mam/cms04/service/dateien/mb-27-kohlenstoffspeicherung-2.pdf

140 Ausgewählte Ergebnisse der dritten Bundeswaldinventur, https://www.bundeswaldinventur.de/dritte-bundeswaldinventur-2012/rohstoffquelle-wald-holzvorrat-auf-rekordniveau/holzzuwachs-auf-hohem-niveau/

141 https://www.wiwo.de/technologie/green/methan-wie-rinder-dem-klima-schaden/19575014.html

142 https://albert-schweitzer-stiftung.de/aktuell/1-kg-rindfleisch

143 https://www.bmel-statistik.de/ernaehrung-fischerei/versorgungsbilanzen/fleisch/

144 https://www.umweltbundesamt.de/bild/treibhausgas-ausstoss-pro-kopf-in-deutschland-nach

145 https://www.epo.de/index.php?option=com_content&view=article&id=8430:ein-kilo-fleisch-so-klimaschaedlich-wie-1600-kilometer-autofahrt&catid=99:topnews&Itemid=100028

146 https://www.agrarheute.com/politik/niederlande-bieten-ausstiegspraemie-fuer-tierhalter-574652

147 Statistik des Bundesministeriums für Ernährung und Landwirtschaft für das Jahr 2019, https://www.bmel-statistik.de/ernaehrung-fischerei/versorgungsbilanzen/fleisch/

148 Gesetz über den Nationalpark Unteres Odertal, Gesetz- und Verordnungsblatt für das Land Brandenburg, Potsdam, 16.11.2006

149 https://www.wisent-welt.de/artenschutz-projekt

150 Ein 900 Kilo schweres Problem, taz, 24.05.2020, https://taz.de/Wildtiere-im-Rothaargebirge/!5684424/

151 Daudet, F. et al.: Experimental analysis of the role of water and carbon in tree stem diameter variations, in: Journal of Experimental Botany, Vol. 56, Nr. 409, S. 135–144, Januar 2005, doi:10.1093/jxb/eri026

152 Zapater, M. et al.: Evidence of hydraulic lift in a young beech and oak mixed forest using 18 O soil water labelling, DOI: 10.1007/s00468-011-0563-9

153 Dawson, T. E.: Hydraulic lift and water use by plants: implications for water

balance, performance and plant-plant interactions, in: Oecologia 95, S. 565–574 (1993). https://doi.org/10.1007/BF00317442
154 Sperber, G. und Panek, N.: Was Aldo Leopold sagen würde, in: Der Holzweg, oekom Verlag, München, 2021
155 https://www.swr.de/swr2/wissen/waldschutz-nehmt-den-foerstern-den-wald-weg-100.html
156 GRÜNE LIGA Sachsen und NUKLA ./. Stadt Leipzig: Beschluss des OVG Bautzen vom 09.06.2020, https://www.grueneliga-sachsen.de/2020/06/gruene-liga-sachsen-und-nukla-stadt-leipzig-beschluss-des-ovg-bautzen-vom-9-6-2020/
157 Clusterstatistik Forst und Holz, Tabellen für das Bundesgebiet und die Länder 2000 bis 2013, Thünen Working Paper 48, Hamburg, Oktober 2015, S. 14
158 Aus dem Kinofilm »Das geheime Leben der Bäume«, Constantin, Januar 2020
159 https://www.hs-rottenburg.net/aktuelles/aktuelle-meldungen/meldungen/aktuell/2021/gemeinsame-erklaerung/
160 Baier, T. und Weiss, M.: Es ist nicht der Wald, der stirbt, es sind die Bäume, in: Stuttgarter Zeitung Nr. 228, 02.10.2020, S. 36, 37
161 https://www.bmu.de/themen/natur-biologische-vielfalt-arten/naturschutz-biologische-vielfalt/gebietsschutz-und-vernetzung/natura-2000/
162 https://wildnisindeutschland.de/warum-wildnis/
163 Symbiotic underground fungi disperse by wind, new study finds, Pressemitteilung der DePaul Universität Chicago, 7. Juli 2020
164 Spörkel, O.: Überraschend hohe Anzahl an Pilzsporen in der Luft, in: Laborpraxis, https://www.laborpraxis.vogel.de/ueberraschend-hohe-anzahl-an-pilzsporen-in-der-luft-a-200852/

樹木が地球を守っている
2023年9月20日　初版印刷
2023年9月25日　初版発行
*
著　者　ペーター・ヴォールレーベン
訳　者　岡本朋子
発行者　早川　浩
*
印刷所　株式会社精興社
製本所　大口製本印刷株式会社
*
発行所　株式会社　早川書房
東京都千代田区神田多町2－2
電話　03-3252-3111
振替　00160-3-47799
https://www.hayakawa-online.co.jp
定価はカバーに表示してあります
ISBN978-4-15-210270-6　C0040
Printed and bound in Japan
乱丁・落丁本は小社制作部宛お送り下さい。
送料小社負担にてお取りかえいたします。